SANTIAGO CALATRAVA

DYNAMISCHE GLEICHGEWICHTE
NEUE PROJEKTE

DYNAMIC EQUILIBRIUM
RECENT PROJECTS

ARTEMIS

A Colloquy · Some Things about Santiago Calatrava

Ein Gespräch · Bemerkungen zu Santiago Calatrava

Für einige Architekturkritiker stellt Santiago Calatrava ein großes Problem dar. Denn obwohl er eine international anerkannte Persönlichkeit ist und obwohl seine Werke eine starke Bewunderung erfahren durch die Menschen, die sie benutzen, kann man sein Werk nicht einfach in eine der gegenwärtig etablierten stilistischen Schubladen einordnen: Postmoderne, Hi-Tech, Late Modern, New Modern oder was auch immer. Ein verzweifelter Kommentator kam vor kurzem auf die Idee, Calatrava sei als eigentliche Ein-Mann-Bewegung zu bezeichnen.

Es gibt gute Gründe dafür zu glauben, daß viele Kritiker insgeheim beunruhigt sind über eine Architektur, die auch Elemente miteinbezieht wie Verspieltheit, Üppigkeit oder Experimentierfreudigkeit; eine Architektur, die letzten Endes nicht vom bestehenden architektonischen Wertesystem ausgeht – und ebensowenig von den Gepflogenheiten der konventionellen Architektenausbildung. Diese neigt immer noch dazu, Bauten einen größeren Stellenwert beizumessen, die rechtwinklig sind oder die zumindest Formen, Rauminhalte und Strukturen aufweisen, die zur klassischen Geometrie gehören oder zur Familie der traditionellen Architekturformen und die in Begriffen erfaßt werden können wie Grundriß, Schnitt und Aufriß – so wie sie mit Hilfe von rechtwinkligen Zeicheninstrumenten zu Papier gebracht werden.

Calatrava verstößt, von den Kritikern aus gesehen, gegen alle diese Regeln. Er verfügt über ein zweifaches Grundwissen, in Ingenieurbau und Architektur. Und was die Kritiker besonders verwirrt: Er übt beide Disziplinen aus und erschafft Skulpturen, als ob alles ein und dasselbe wäre. Er spricht oft über Entwurf wie über ein Spiel. Er behauptet, ihn interessiere der Schnitt eines Bauwerks weit mehr als der Grundriß (wobei er in Wirklichkeit dreidimensional denkt). Quellen für seine Gebilde sind scheinbar zoomorphe Formen, Skelette, Organisches, obwohl sie stets auf den klassischen Gesetzen der Statik beruhen. Was die Aufgabe für etwaige Kategorisierer noch schwieriger macht: Seine Entwürfe sind aufsehenerregend, fühlbar, komplex, verspielt, sie sind eher bezeichnend für den Kräftefluß im Bauwerk, als daß sie die baulichen Probleme aufzeigten, die überwunden wurden. Und schließlich haben sie, wie Felix Candela sagt, «eine beträchtliche Dosis von dieser undefinierbaren Zutat genannt Grazie».

Die Kunst des Möglichen

Glücklicherweise sind dies eher die Probleme gewisser Kritiker und nicht diejenigen Calatravas selbst; seine Entwürfe sind außergewöhnlich, und in den zehn Jahren seines Schaffens hat er eine überraschend große Anzahl davon verwirklichen können. Jedenfalls steht er den moralisierenden Kritikern sehr skeptisch gegenüber: «Es ist ein aktuelles Problem, daß es in der Welt der Architekturkritik Leute gibt, die moralische Normen für den Ingenieurbau entwickeln. Die Gesetze der Statik sagen dir, was du tun kannst und was du nicht tun kannst. Die neuen Moralisten aber sagen, daß es Dinge gibt, die du nicht tun *sollst*.» Nun lautet Calatravas Frage: «Wieso soll etwas nicht erlaubt sein, wenn es möglich ist? Wenn Sie mich zum Beispiel fragen würden, warum ich Stützen entworfen habe in der Form meiner Hand, würde ich Ihnen sagen, weil es möglich ist. Das ist Ingenieurbau für mich: die Kunst des Möglichen.»

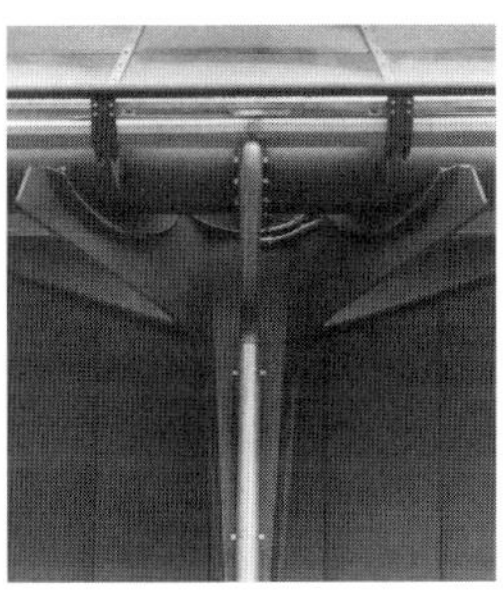

Bahnhof Stadelhofen, Zürich 1990
Stadelhofen Railway Station, Zürich 1990

Seine Freunde beschreiben Calatrava als ein großes Kind, voll guter Laune, die sein ganzes Werk durchdringt. Aber er ist auch eine charismatische Persönlichkeit, von einer Besessenheit, die sein Leben und seine Kunst beherrscht, stets experimentierend, Neues entdeckend und ständig dabei, mehr über das Wesentliche seines Handwerks zu lernen. Ein Kunde, der sehr eng mit ihm zusammengearbeitet hat, drückt es so aus: «Er denkt erschreckend schnell und braucht seine sechs europäischen Sprachen, als ob sie eine wären. Er beginnt nicht, wie das die meisten Ingenieure tun, bei den Zahlen, sondern beginnt seine Arbeit wie ein Ingenieur-Architekt und Künstler. Er setzt sich hin und macht Skizzen, die dann von seinem Modellbauer, der über ein beinahe telepathisches Verständnis für Calatravas Denken verfügt, in Dreidimensionalität umgesetzt werden. Wenn ihn das Resultat nicht befriedigt, geht er jedes Detail in den Zeichnun-

For some architectural critics, Santiago Calatrava presents a major problem. It is that although he is an international figure and although his work is widely admired by the people who use it, his work cannot be neatly classified in any of the current established stylistic pigeonholes: Post Modern, Hi-Tech, Late Modern, New Modern or whatever. One despairing commentator recently suggested that Calatrava might have to become a one-man movement of his own.

There are good grounds for believing that many critics are secretly uneasy with architecture which has an element of playfulness, exuberance, experiment; architecture which does not ultimately emanate, however modified, from the established architectural value system—and from the mores of conventional architectural training, that is still predisposed to assign greater value to orthogonal structures or at least those with shapes and volumes and forms belonging to classic geometry, or to the family of traditional architectural forms; forms which tend to be conceived in terms of plan, section and elevation—the way they are drawn on paper with right-angular drawing instruments.

Calatrava transgresses on all these critics' grounds. He has a dual formal grounding in engineering and in architecture. Confusingly for them, he practices not only these disciplines but also sculpture as if they were all one. He frequently talks about design in terms of playing. He claims to be primarily concerned with a structure's section rather than the plan (though the reality is that he thinks in three dimensions). The sources for his forms ar seemingly zoomorphic, skeletal, organic yet they are founded in the classic laws of statics. Creating even more difficulty for categorisers, his designs are sensational, tactile, complex, playful, expressive of the structural forces within, rather than expressing the structural problems overcome, and, in the words of Felix Candela, they have "a considerable dose of that indefinable ingredient known as grace".

The Art of the Possible

Fortunately, these are problems for certain critics rather than Calatrava, because his designs are exceptional, and, more prosaically, because over the decade of his working career, a surprisingly large number of them have actually been constructed. In any case, he is very skeptical about critics' moralising: "A current problem is that in the world of criticism certain people are developing moral criteria about engineering. The laws of statics say that there are things you can do and can't do. But the new moralists say there are things you *shouldn't* do." Calatrava's question is, "Why is it not permissible when it is possible? If you asked me why, for example, I designed columns in the shape of my hand, I would say because it is possible. And that is what engineering is: the art of the possible."

He has been described by friends as a grown up kid, full of the good humour which permeates his work. But he is also a charismatic person, obsessed in his life and art with experimenting, discovering new things, learning more about the substance of his craft. As one client who has worked closely with him has put it, "He thinks frighteningly quickly, uses his six European languages as if they were one. Unlike most engineers, who start off with number crunching, he begins from the position of the architect-artist engineer. He sits down and makes sketches which are immediately turned into three dimensions by his model maker who has an almost telepathic understanding of his thinking. If it doesn't look right, he works through the detail in sketches and models again. When you watch him work, you can't see the joins between his disparate disciplines."

The split between the building disciplines in the West is little more than a century and a half old and was probably partly the result of the emergence of new materials, developments in applied mathematics and physics, and the scale of the new civil and structural challenges. But today, somebody who combines the disciplines is a curiosity. Says Calatrava, "When I go to the US I'm asked whether I am an artist or architect or engineer. My view is that you become an artist through the quality of your work. For example, in my view Brunelleschi was an artist when he built

Bahnhof Stadelhofen, Zürich 1990
Stadelhofen Railway Station, Zurich 1990

gen noch einmal durch und läßt noch einmal ein Modell machen. Wenn man ihn arbeiten sieht, bemerkt man die Nahtstellen zwischen den einzelnen Disziplinen nicht.»
Der Bruch zwischen den Baudisziplinen geschah vor ungefähr hundertfünfzig Jahren. Er resultierte, zumindest teilweise, aus der Entwicklung neuer Baumaterialien, dem Fortschritt in den Fächern Angewandte Mathematik und Physik und dem Schwierigkeitsgrad der neuen baulichen Herausforderungen. Heutzutage ist jemand, der beide Disziplinen verbindet, ein Kuriosum. Calatrava: «In den Vereinigten Staaten werde ich oft gefragt, ob ich Künstler, Architekt oder Ingenieur sei. Mein Standpunkt ist, daß man durch die Qualität seiner Arbeit zum Künstler wird. Für mich war zum Beispiel Brunelleschi ein Künstler, als er die Kuppel von Santa Maria del Fiore erschuf – obwohl diese nichts anderes ist als das Werk eines Architekten und Ingenieurs. Dasselbe gilt für Robert Maillart, denn seine Brücken zeugen von einem hohen Grad an Inspiration. Sobald wir realisiert haben, daß eine Brücke von ihm mehr ist als ein Mittel, um Menschen über ein Hindernis zu bringen, sind wir dabei, ein wahres Kunstwerk zu entdecken.»

Calatrava sieht sich selbst in der Rolle eines «Baumeisters», in der alten Tradition von Werkbund und von Arts and Crafts, als Meister aller konstruktiven Disziplinen, den Entwurf miteingeschlossen. «Ich verstehe die Rolle des Architekten als die eines *maestro di opera*. Man muß sich für jede Person auf der Baustelle verantwortlich fühlen. Ich bin gerne mit der Belegschaft zusammen, weil die menschliche Komponente beim Bauen enorm wichtig ist.»
Sie ist wichtig, da es diese Menschen sind, die die einzelnen Bestandteile seiner Bauten formen, verlegen, montieren und zusammenfügen und von denen dann die endgültige Qualität seiner Werke abhängt. Sie ist auch darum wichtig, weil Calatravas Arbeitsmethode schon früh Bauunternehmer, Techniker und Handwerker in den Entwurfsprozeß miteinbezieht, um so der bestmöglichen Umsetzung seines Projekts auf der Baustelle Rechnung zu tragen.

Eine unglaubliche Freiheit

Calatrava ist vertraut im Umgang mit wesentlich traditionsgebundenen Materialien: Beton, Stahl, Aluminium, Holz, Glas und Stein – doch er nutzt sie auf eine Art, die kaum traditionell genannt werden kann. Manchmal verwendet er alle zusammen, immer jedoch auf angemessene Weise. Das heißt, Stein als Baugrund und bei Druckbeanspruchung, Holz, wo lange, relativ schlanke Bauteile mit mäßiger Belastung nötig sind und Stahl bei Zugbeanspruchung. Alle seine Projekte – so poetisch sie auch sein mögen – sind Experimente mit den Grundregeln der Statik. Aber seine Entscheidung, wann er die eine oder andere Kombination von Baustoffen anwenden will, wird nicht bestimmt durch eine mechanisch-funktionalistische Denkweise. Sie ist manchmal unerwartet, manchmal vom Zusammenhang abhängig, und immer sucht er dabei die Grenzen des Materialverhaltens. Sein Spielen mit Baustoffen, sagt ein Kritiker, sei ohnegleichen.

Kantonsschule, Wohlen 1988
High School, Wohlen 1988

Speziell angezogen fühlt er sich von Beton: «Ich bin sicher, daß Beton, zusammen mit Stahl, das Material des 21. Jahrhunderts sein wird. Mein Interesse konzentriert sich darauf, ein neues Vokabular von Formen einzuführen, surrealistischen Formen, die irgendwie in Einklang mit unserer Zeit stehen (obwohl ich nicht viel Vertrauen in unsere Zeit habe). Auf spanisch nennen wir den Beton *Hormigón*, das Wort ist also von ‹formen› abgeleitet. Dies ist die schönste Eigenschaft von Beton – man kann ihn in jedwelche Form bringen, und man hat derart eine unglaubliche Freiheit, wenn man mit diesem Baustoff arbeitet.»
Dies war theoretisch immer schon der Ansatz zum Umgang mit Beton. In der Praxis aber fürchtet man die hohen Kosten von Gußform und Schalung und behandelt daher Beton als Material, das in orthogonalen (und daher billigen) Holz- oder Stahlschalungen geformt werden muß. Nicht so Calatrava, obwohl seine Kunden häufig öffentliche Bauherren mit einem sehr kleinen Budget sind. So sehen seine Entwürfe eine große Anzahl vorfabrizierter und sich wiederholender Elemente vor, auch wenn diese an sich oft von beträchtlicher Komplexität sein können. In einzel-

the cupola of S. Maria del Fiore - although it is actually architectural and engineering work. So too with Robert Maillart because his bridges have a high level of inspiration. As soon as we recognise that a Maillart bridge is rather more than a means of getting people across an obstacle, we are on the way to discovering that it is a work of art."

Calatrava sees himself in the role of *Baumeister,* in the old Werkbund and Arts and Crafts tradition, the master of all the disciplines of construction including design. "I understand the rules of the architect - just as a *maestro di opera* understands his. You have to feel responsible for every person on site. I like to be with the work force because the human component in building is hugely important."

It is important because it is people who mould and cast and assemble and join the precision components of his structures and on whom the final quality of the work depends. It is also important because Calatrava's method of working involves contractors and technicians and craftsmen early on in the detailed design process which also takes account of the way in which his design can best be built on site.

An Incredible Freedom

Calatrava is comfortable with essentially traditional materials: concrete, steel, aluminium, wood, glass, stone—but hardly uses them in a traditional way. Sometimes he uses them all together, but he always uses them appropriately—which is to say stone as bases and in compression, wood where long, relatively slender members with moderate loads are needed, and steel in tension. All his projects, however poetic, are essentially experiments with the basic rules of statics. But his choice of when to use one or another combination of materials is not carried out in a mechanically functionalist way but in a fashion which is unexpected in some cases, contextual in others, and always stretches the limits of the material's behaviour. His orchestration of materials, says one critic, "has no precedent".

He has a particular fascination with concrete: "From the perspective of the future I am sure that together with steel, concrete will become the great material of the twenty first century. My interest is centred on introducing a new vocabulary of forms of a surrealist character somewhat in tune with the times (even though I do not much believe in my time). In Spanish we call concrete *Hormigón* which comes from - to form. That is the most beautiful quality of concrete: its ability to take on any form. You have an incredible freedom when working with it."

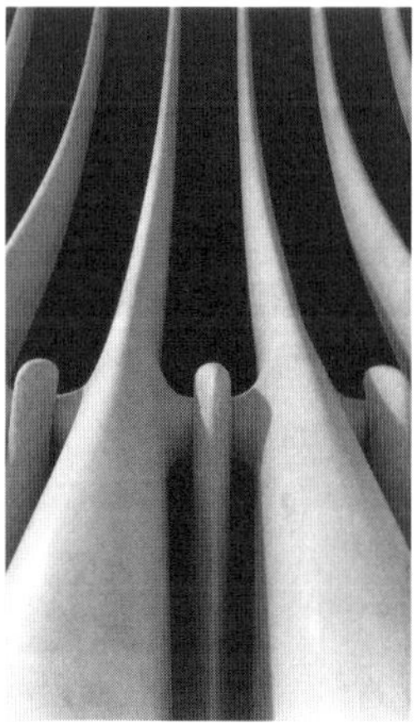

Swissbau Basel 1989

That in a sense has always been the theoretical proposition about concrete. Real life practice has been to be fearful of the cost of moulds and formwork and thus to treat concrete as a material which should be cast in orthogonal (and thus cheap) timber of steel shuttering. Not for Calatrava, despite the fact that his clients tend to be official bodies with very tight budgets. So his designs employ a great deal of prefabrication off site and he uses repetitive forms, even if they are individually of great complexity. In some cases where there are not the same constraints, he has been able to take concrete casting to near-perfection. For the cement industry pavilion at the 1989 *Swissbau* exhibition, the Swiss Building Fair in Basle, he first had a standard rib constructed in highly finished hardwood. From this he made a two-part concrete mould. Then the run of astonishingly chic concrete ribs were cast from this. He is as concerned about the processes of creating structure as with designing it.

Light, Shade, Reflections and Surfaces

Calatrava's buildings are not highly coloured. It has simply been a matter of using materials as they are, occasionally modifying the colour of concrete with different sands and aggregates and using one kind of metal in preference to another. These are, however, inextricably tied up with his preoccupation with light. He says, "For many years I have been working with

nen Fällen, wenn diese Sachzwänge nicht vorhanden waren, führte er die Kunst des Betongießens nahezu zur Vollendung. Für den Pavillon der Zementindustrie an der *Swissbau 1989* in Basel ließ er die Standardrippe zuerst aus hochwertig verarbeitetem Hartholz anfertigen, stellte dann eine zweiteilige Betongußform her, woraus er schließlich die einzelnen Betonrippen sehr elegant formen konnte. Der Herstellungsprozeß einer Struktur interessiert ihn ebenso stark wie deren Entwurf.

Licht, Schatten, Spiegelungen und Oberflächen

Calatravas Bauten sind nie stark gefärbt. Er benutzt die Materialien, so wie sie sind, gelegentlich verändert er die Farbe des Betons mit verschiedenen Sandtypen und Körnungen, oder er gibt manchmal einer bestimmten Metallart den Vorzug vor einer anderen. Dies ist eine Folge seiner unaufhörlichen Beschäftigung mit der Frage des Lichts. Er sagt: «Jahrelang habe ich mit Baustoffen gearbeitet, die ihre eigene natürliche Färbung hatten. So war die Frage der Farbe schon mit der Wahl des Materials beantwortet. Ich beschäftigte mich also mehr mit dem Thema Licht und Schatten und deren Wirkung auf Musterung und Textur von Oberflächen als mit der Wahl von Farben.»

Ernsting-Lagerhalle, Coesfeld 1985
Ernsting Warehouse, Coesfeld 1985

Beim Lagerhaus der Ernsting GmbH von 1983 in Coesfeld wählte er für die Fassaden über dem Betonsockel gerippte Aluminiumbleche, die so befestigt sind, daß sie eine Reihe von vertikal verlaufenden Wellen bilden. «Das Licht verändert sich für den sich bewegenden Beobachter im Profil der Metallwand, es spielt mit der Oberfläche. Sogar die Lampen wurden so ausgewählt und plaziert, daß sie ganz spezielle Schatten auf die Oberfläche werfen. Auf der Nordseite brauchten wir sehr starke horizontale Linien, die im Halbschatten – ohne direkte Sonneneinstrahlung – wirken. Mit Hilfe dieser starken Schatten entlang der Horizontalen erreichen wir einen Effekt von Volumen in der Fassade. Es ist dies eigentlich die Thematisierung der Beziehung von Fassade und Licht, nicht für eine graphische, sondern vielmehr für eine räumliche Wirkung.»

Die Suche nach dem tieferen Kontext

Das Verhältnis zwischen der Architektur und ihrer Umgebung ist zu einem Gegenstand von allgemeiner Bedeutung geworden. Zwar war dies schon immer ein zentrales Thema der Architektur, sogar schon seit der Zeit vor Vitruv, aber erst die gedankenlosen Exzesse von öffentlichen und kommerziellen Auftraggebern und deren Architekten in den sechziger und siebziger Jahren rückten das Problem dieses Kontextes wieder in den Brennpunkt der Aufmerksamkeit.

Eine Lösung, die immer häufiger praktiziert wird, ist die, neue Bauwerke richtiggehend zu verbannen. Oder wie Calatrava es darstellt: «Das einfachste ist, ein Gebäude auszuhöhlen und den Gebäudekern hinter der alten Fassade wieder aufzubauen – dies alles um der Umgebung willen. Sogar wenn die Fassade sehr häßlich ist. Aber eigentlich wird dadurch das Problem nur umgangen.» Für Calatrava ist der Kontext, was er realistischerweise auch ist, eine sehr komplizierte Angelegenheit. Und er gibt Problemlösungen, die nicht auf Anhieb einsichtig erscheinen.

«Der Zusammenhang zwischen einem Projekt und dem urbanen Kontext ist von großer Wichtigkeit. In erster Linie hat ein architektonisches Werk einen technischen oder praktischen Zweck, zum Beispiel einen Fluß zu überspannen, ein Hindernis zu überqueren. Von diesem Stadium an besteht die Aufgabe des Architekten darin zu lernen, zu lehren, zu urbanisieren und die Urbanisierung mittels Entwurf zu praktizieren.»

«Als ich 1987 die Bach-de-Roda-Brücke in Barcelona gestaltete, hatte ich zwei hauptsächliche Ziele im Kopf. Als erstes wollte ich ein wichtiges Element in diesem Raum erschaffen, eine Art Piazza, das aber gleichzeitig auch ein technisches Problem löste. Als zweites wollte ich etwas hervorbringen, was nicht nur ein Übergang zwischen zwei Orten ist, sondern auch ein Platz für

materials which have their own natural colour. So the choice of colour has been inextricably determined by the choice of material. Rather than playing around with choices of colour, my experiments have been with light and shade and their effect on the pattern and texture of surfaces."

At his early 1983 Ernsting Warehouse in Coesfeld, Germany, the cladding he chose above the concrete base was corrugated aluminium fixed in a series of vertical waves. "The light changes in the profiles of the metal wall as one walks along it, playing with the surface. Even the lamps were chosen and placed in order to throw a particular shadow on the surface. On the north façade, we used very strong horizontal lines in order to work with semi-light, not having direct sun. Through the introduction of strong shadows along the horizontal, we achieved an effect of volume in the façade. So the whole thematic intention is the relationship between the façade and light for its three dimensional, rather than its graphic, value."

Searching for the Deep Context

The relationship between architecture and its setting has become a matter of general importance—even if it has always been a central concern in architecture since before Vitruvius. Indeed, the mindless excesses of government and commercial developers and their architects in the sixties and seventies have focussed renewed attention on the problem of context.

One solution practised more and more is to effectively ban new building. As Calatrava puts it, "The easiest thing to do is to gut a building, rebuild inside behind the old façade - all in the name of context. Even if it is a very ugly façade. But in the end this is merely avoiding the problem of facing problems." For Calatrava, context is, as it is in real life, a complicated business. And it is resolved in ways which are not necessarily obvious at first sight. He says, "The connection between a projected work and the urban context is of great importance. First of all any architectural or engineering work has a technical or practical purpose, for example to span a river, to cross an obstacle. From that stage onwards, the task of the architect consists in learning, educating, in urbanising, in practising urbanness with the design.

"When designing the Bach de Roda bridge in Barcelona, 1987, I had two main objectives in mind. First, to create an important element in that space, a kind of piazza which also solved a technical problem. Second, to create something which would not only be a transition between two places but a place all of its own. Furthermore, I aimed at creating a consequential space beneath the bridge because it is there that the spatial and dimensional character of the bridge can be properly understood. And this bridge has done something for the community. The ability to move between the two, formerly separated, districts on either side has modified the community's perception of the city as a whole. It was an enormous satisfaction to see, during civic celebrations the following year, that the bridge was the primary image on the official community poster."

Calatrava propounds another unorthodoxy—among architects at least: "The modern engineer has two things that I like very much. One is an empirical understanding of nature. Engineers look at phenomena and try to describe them, for example taking a slope and its movement and modelling these in terms of, say, shear forces. The second is pure creativity. The conceptual work in devising forces which cope with the problem. And I think that is why the evolution of respect for the landscape can be achieved more successfully by the engineer than by the architect."

Bach de Roda-Brücke, Barcelona 1987
Bach de Roda Bridge, Barcelona 1987

Context Modulates Scale

Interlinked with context is scale. It is particularly true for Calatrava because most of his projects, especially the bridges, have been big structures which, according to conventional thinking, present big problems of scale. But Calatrava takes the view that scale has less to do with the real size than with the relationship between the design and its surroundings.

sich selbst. Überdies wollte ich den Raum unter der Brücke konsequent gestalten, weil dies der Ort ist, wo man den räumlichen und dimensionalen Charakter einer Brücke erst richtig verstehen kann. Diese Brücke hat der Allgemeinheit wirklich etwas gebracht. Die Möglichkeit, sich zwischen zwei vorher getrennten Stadtteilen zu bewegen, hat die Wahrnehmung der Bevölkerung für die Stadt als ein Ganzes verändert. Es war für mich eine enorme Bestätigung, zu sehen, daß die Brücke das offizielle Plakat des lokalen Festes im darauffolgenden Jahr zierte.»

Eine weitere – zumindest für Architekten – eher ungewöhnliche Ansicht Calatravas: «Der moderne Ingenieur hat zwei Eigenschaften, die ich sehr mag. Die eine ist ein empirisches Verständnis der Natur. Ingenieure betrachten ein Phänomen und versuchen es zu beschreiben, zum Beispiel eine Böschung respektive deren Bewegung, und idealisieren dies dann zu einem Modell mit den dazugehörigen Schwerkräften. Die andere ist die pure Kreativität. Die konzeptionelle Arbeit beim Ersinnen von Möglichkeiten, die dem Problem gerecht werden. Darum denke ich, daß sich bei Ingenieuren eher ein gewisser Respekt für die Landschaft entwickelt als bei den Architekten.»

Der Kontext bestimmt die Dimensionen

Die Dimensionen eines Bauwerks sind eng verknüpft mit dem räumlichen Kontext. Dies gilt insbesondere für Calatrava, denn die meisten seiner Projekte, und dabei ganz speziell die Brücken, sind große Strukturen, die, von einer konventionellen Sichtweise her betrachtet, auch große Probleme mit der Maßstäblichkeit aufweisen. Calatrava nimmt den Standpunkt ein, daß die Größe wenig mit dem eigentlichen Umfang des Baus zu tun hat, sondern vielmehr mit dem Verhältnis zwischen Struktur und Umgebung.

Mérida-Brücke, Mérida 1991
Mérida Bridge, Mérida 1991

«Die Dimensionen stellen ein sehr schwieriges Problem dar. Nehmen wir zum Beispiel den Entwurf (1991) für eine neue Brücke in Mérida, Spanien. Dort planten wir einen Bogen mit einer Stützweite von 200 Metern. Dies war zwar eine großartige architektonische Geste, die, genau genommen, total unnötig war. So unnötig, daß es mir nichts ausmachte, die Fundamente, auf denen er steht, zu redimensionieren. Ich denke nach wie vor, daß dieser Bogen etwas vom Schönsten ist, was dieses Projekt zu bieten hat. Ähnlich wie bei Mozarts *Symphonia Concertante* für Bratsche und Violine. Die Art und Weise, wie dort das Soloinstrument im ersten Satz einsetzt, gehört zu den wundervollsten Momenten in der Musikgeschichte. Mozart hält sich an eine horizontale Melodielinie, in der plötzlich die Violine, die nachher viel dominanter wird, wie aus dem Nichts erscheint. Betrachten wir Mérida, ist es der Bogen, der wie aus dem Nichts auftaucht und die Proportionen durchbricht. Das spricht aber nicht gegen ihn, meine ich. Er ist eine Reaktion auf diese ganze unangebrachte Demut, auf diese unterwürfige Art und Weise, sich mit dem Kontext zu vereinigen. Das einfachste wäre gewesen, einmal mehr eine römische Brücke zu bauen. Mir erscheint es natürlich viel adäquater, dort ein ausgefallenes Objekt zu erstellen, ein technisches Wunder zu vollbringen, gerade innerhalb des Kontexts dieser technischen Unterentwicklung, die Mérida prägt.»

Ein Hund steht auf vier Beinen

«Um als Architekt oder Ingenieur arbeiten zu können, braucht es natürlich eine Inspirationsquelle. Die Natur allein kann aber weder für den Architekten noch für den Ingenieur die einzige Quelle sein. Meine Beziehung zu den sogenannten anatomischen Schemas hat mit dem Ansatz zu tun, mittels Modellen gewisse strukturelle Probleme lösen zu wollen, die eng mit der Natur verbunden sind. Ein Kragarm zum Beispiel ist die einfachste ingenieurmäßige Darstellung eines Baums. Die Einspannung repräsentiert dabei die Wurzeln des Baums. Beide gehorchen den Gesetzen der Biegebeanspruchung. Zwar denken die meisten Ingenieure irgendwie darüber nach, ich glaube aber, daß die berufliche Aktivität eines Ingenieurs mehrheitlich die Ent-

"Scale is a very difficult problem. For example in the design for a new bridge at Mérida, Spain (1991), we proposed an arch spanning 200 metres in the middle. It was a great architectural gesture and, strictly speaking, totally unnecessary. So unnecessary that I didn't bother to rescale the foundations on which it is based. Yet I think this arch is one of the finest aspects of the project. It is like Mozart's *Symphonia Concertante* for viola and violin. One of the most wonderful things in the history of music is the way in which the soloist instrument enters the first movement. Mozart follows the melody horizontally and suddenly the violin, which will later dominate the scene, appears as if from nowhere. In the case of Mérida the arch appears out of nowhere and is out of scale. But this is not a bad thing, is it? It is a matter of reacting to all that misplaced humility of wanting to join the context in a subordinate manner. The easiest thing would have been for example to build another Roman bridge once again. For me, of course, it seems appropriate to plant there an eccentric object, to perform a technical feat within the context of the technological underdevelopment of Mérida."

The Dog Stands on Four Legs

"Working as an architect or engineer naturally requires a source of inspiration. But because engineering and architecture are professional practices, nature cannot be the only source. My relationship with the so-called anatomical schemes has to do with the solution, by means of models, of certain structural problems which are closely related to nature. For example, a cantilever is the simplest engineering representation of a tree. The restraint is represented by the roots of the tree. Both obey certain laws of bending moments. So however most engineers think about it, I believe that the professional activity of an engineer lies mainly in the development of analytical models which describe nature in a realistic way. Working with isostatic structures almost inevitably leads one to sketching nature. When, for example a dog stands on his four legs it constitutes an isostatic body. The load is divided by the number of legs, there are no other forces present other than those supplied by the muscles." Visitors to the Calatrava office have become accustomed to the sight of a dog skeleton on the bench behind him.

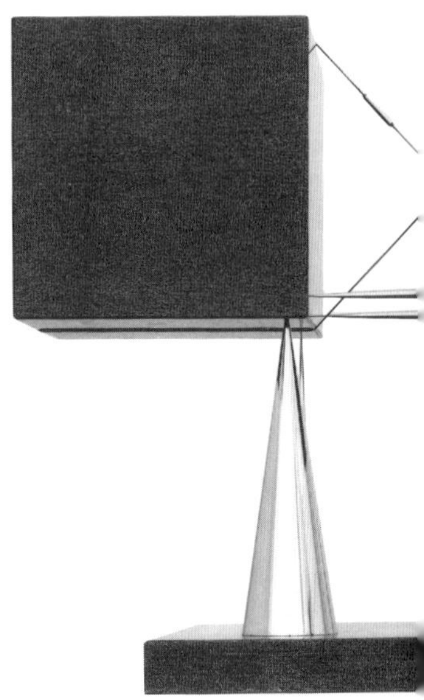

He is at pains to point out that his work has other roots, for example in the work of such great engineers and architects as Candela and Gaudí. And he argues that his use of organic forms has really been to do with a personal preference rather than with believing they necessarily provide the solutions to any given structural problem. As he is fascinated by sculptural-anatomical relationships, his work is what might be called figurative rather than rationalistic.

For some designers, the plan is the essence of order and function. Calatrava does not work very much with plans. This is partly because the plan is often either obvious or already decided, but largely because he thinks three dimensionally. In public, however, he is inclined to labour the point that his concern is for the section. "The section is not only linked to the strength of the building, to the way in which forces flow through it, but also to its beauty."

Calatrava also rarely uses drawing instruments: he almost always designs freehand and gives the drawing to his model maker for an immediate three dimensional model. "Drawing and architecture are two different things. Architecture is a phenomenon in itself. It comes more from the world of ideas directly applied to the materials used in building. Graphics intervene: they have now become almost a hindrance." This is a position which, taken to extremes, has considerable value. For his two "Toros" sculptures he developed the design by playing with models and sketching and applying some mathematical considerations, but without formal drawings. Then the information was given to the manufacturers over the phone and they made them. "Communicating the design by words without employing any graphical system forced me to reduce my way of thinking to precise geometrical patterns."

wicklung von analytischen Modellen betreffen muß, die die Natur auf realistische Weise beschreiben. Wenn man mit isostatischen Strukturen arbeitet, ist es beinahe unvermeidlich, daß man darauf kommt, Natur zu zeichnen. Ein Hund, zum Beispiel, der auf seinen vier Beinen steht, stellt einen isostatischen Körper dar. Das Gewicht wird auf die Zahl der Beine verteilt, und es sind keine weiteren Kräfte vorhanden, außer denen, die durch die Muskeln zugeführt werden.» Besucher von Calatravas Büro müssen sich an den Anblick eines Hundeskeletts hinter seinem Arbeitstisch gewöhnen.

Calatrava bemüht sich darum, aufzuzeigen, daß sein Werk noch andere Wurzeln hat, zum Beispiel in den Arbeiten von solch großen Ingenieuren und Architekten wie Candela und Gaudí. Und er gibt zu, daß der Gebrauch von organischen Formen viel mehr mit seiner persönlichen Vorliebe zu tun hat als mit dem Glauben daran, daß er darin notgedrungen die Lösung zu jedem baulichen Problem finde. Er ist fasziniert von den Verbindungen von Skulptur und Anatomie, daher könnte man sein Werk eher figurativ als rationalistisch nennen.

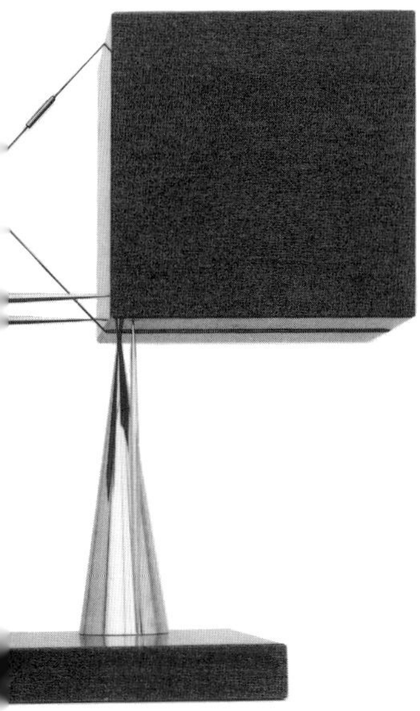
Toros, 1985

Für manche Entwerfer ist der Grundriß die Grundlage für Ordnung und Funktion. Calatrava arbeitet wenig mit dem Grundriß. Dies einerseits, weil der Grundriß oft zu augenfällig oder schon zu eindeutig ist; vor allem aber, weil Calatrava dreidimensional denkt. In der Öffentlichkeit begründet er gerne seine Vorliebe für den Schnitt wie folgt: «Der Schnitt ist nicht nur verbunden mit den Kräften eines Baus, mit der Art und Weise, wie diese durch ihn hindurch fließen, sondern auch mit dessen Schönheit.»

Calatrava macht auch selten Gebrauch von Zeicheninstrumenten: er skizziert meistens freihändig und reicht dann die Zeichnungen seinem Modellbauer weiter, der davon ein dreidimensionales Modell anfertigt. «Zeichnen und Architektur sind zwei verschiedene Dinge. Architektur ist ein Phänomen für sich, das aus einer Ideenwelt stammt, die sich direkt auf die Baumaterialien anwenden läßt. Eine graphische Darstellung tritt da dazwischen, wird schon beinahe zum Hindernis.» Dies ist eine Sichtweise, die, wenn sie so weit getrieben wird, beachtliche Auswirkungen hat. Für seine zwei Skulpturen «Toros» entwickelte er den Entwurf, indem er mit Modellen herumspielte, skizzierte und einige mathematische Betrachtungen anstellte – aber ohne jegliche formale Zeichnung. Die daraus entstandenen Informationen gab er den Handwerkern am Telefon weiter – das war alles. «Durch die mündliche Weitergabe meiner Entwurfsideen war ich dazu gezwungen, meine Denkweise auf präzise geometrische Grundmuster zu reduzieren.»

Das Paradox der Bewegung bei Beton

Calatravas Beschäftigung mit anatomischen Strukturen, die den Erfordernissen der Bewegung entsprechend ausgelegt sind, hat bei ihm ganz automatisch auch das Interesse für bewegliche Strukturen geweckt. Die Ingenieure verstehen normalerweise unter Dynamik nur die Beschäftigung mit Vibrationen. Er aber sagt: «Was mich sehr stark interessiert, sind die Ideen der Kinematik. Kraft in der Architektur und in der Mechanik entspricht Masse mal Beschleunigung. Masse ist eine abstrakte universelle Einheit. Das heißt also, daß Mobilität in einem Kräftekonzept impliziert wird. Einfacher ausgedrückt bedeutet dies, daß eine statische Kraft nichts anderes ist als erstarrte Bewegung.»

In seiner Doktorarbeit beschäftigte er sich mit der Faltbarkeit von Fachwerken, und sein Interesse für die Bewegung fand einen frühen Ausdruck in den faltbaren Toren beim Lagerhaus der Ernsting GmbH. Hier läßt sich jedes Tor vom Boden weg falten, und zwar entlang einer *gekrümmten* Gelenklinie. Bei geöffnetem Tor entsteht die Wirkung einer vorstehenden, gebogenen Augenbraue über dem Eingang. In bezug auf den Pavillon an der Swissbau 1989 erklärt er folgendes: «Wir beabsichtigten, eine große Betonmaschine herzustellen, die sich bewegen konnte. Interessant ist, daß unsere erste Idee war, eine Maschine zu erfinden, dann eine Maschine aus Beton und wir schließlich eine unglaubliche Maschine konstruierten, deren einzige Aufgabe es

The Paradox of Mobility in Concrete

His preoccupation with anatomical structure, determined as it is by the demands of movement, has inevitably lead to his interest in movable structures. Engineers understand the problems of dynamics as having to do with vibration. But he says, "I am especially interested in the idea of kinematics. Strength both in architecture and in mechanics is equal to mass by acceleration. Mass is an abstract universal unit. So this means that mobility is implicit in the concept of strength. A simple way of translating all that is to say strength is like crystallised movement." His engineering thesis had to do with foldable space frames and his interest in movement found an early expression in the folding doors for the Ernsting Warehouse. Here he made each door fold up from the bottom, along a *curved* hinge line to form a projecting curved eyebrow over the openings. For the Swissbau pavilion he explains, "We decided to make a large concrete machine which could move. It is interesting that our idea was first to create a machine and then to create a machine in concrete and finally to design an improbable machine whose only function was to cast shadows." The moving shadows were cast by a row of organic ribs, each weighing more than a tonne, balanced on projections from a rear concrete wall. Like a child's toy the ribs were actuated by flat levers attached eccentrically to the face of slowly rotating disks mounted on the wall. The rotation of the disks and the different positions of the levers meant that the ribs moved up and down out of phase producing a sinusoidal change in the shape of the roof. Kinematic projects include a floating concrete pavilion which opens and closes like a lotos flower, canopies for a garden restaurant, a swing bridge over Garonne River in France and the Kuwaiti pavilion for the Seville Expo 1992.

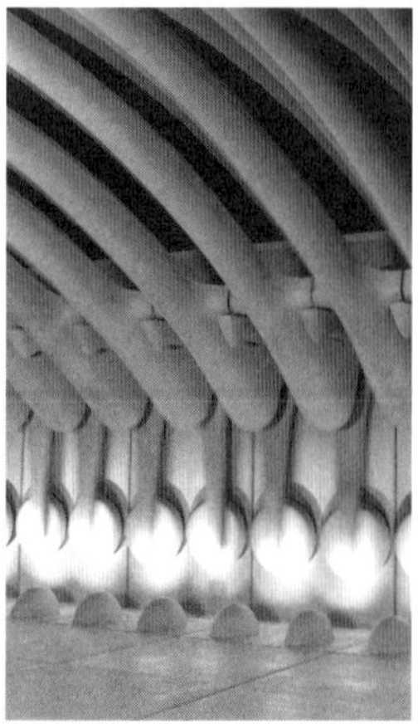

Swissbau Basel 1989

A Certain Exuberance

The rich diversity of Calatrava's thinking and design comes from an insatiable need to discover things. "Picasso said that the best place to learn painting was in the museums, observing and studying what other people had painted." Calatrava happily acknowledges his debt to a whole range of architects and engineers: "I think that what originality there is in my work lies in my extrapolation of certain aspects contained in the work of others."

He returns to the puzzle of the architect-engineer relationship: "Very often we have a very 'dry' image of the civil engineer. I think this is so because, in contrast to the engineer, the source of the architect's knowledge derives from theoretical thinking, cultural contexts—and a lot of architectural processes stem from history. Yet the engineer also requires courage, a belief in what he is doing. Brunel for example made beautiful bridges—but he had to have enormous belief in the stability of his designs, a faith not necessarily based on mathematical knowledge.

Nevertheless pure engineering logic is a limited logic. Too often it's wrongly related to minimal criteria in using materials.

My own work has been greatly influenced by the circumstances of practice. I started by gaining commissions from other architects. They turned out to be for relatively big projects such as schools and railway stations. Subsequently most of my work has been at that scale. So my experience has been, for most of the time, with clients which are government offices normally imposing very low and strict cost conditions. Either by repeating a certain construction element or by suppressing any sort of secondary finishing, by working with good quality raw materials, is it possible to achieve a certain exuberance with low costs.

It is my intention to produce buildings that are built for their environment and which seek a relationship with their surroundings. The aim is to reach once again an understanding between engineering and architecture in the sense of the creation of static, formal and plastic possibilities of the respective materials. Behind all this stands the search for a unity between the art of architecture and the art of engineering."

Sutherland Lyall

war, Schatten zu produzieren.» Die Schatten wurden erzeugt durch eine Reihe organisch geformter Rippen, von denen jede einzelne mehr als eine Tonne wog und auf den Auskragungen der Betonrückwand balancierte. Wie bei einem Kinderspielzeug wurden die Rippen durch flache Hebel angetrieben, die an langsam rotierenden Scheiben exzentrisch angebracht waren; diese wiederum waren an der Wand befestigt. Die Rotation der Scheiben und die verschiedenen Positionen der Hebel hatten zur Folge, daß sich die Rippen auf und ab bewegten. So produzierten sie sinusförmige Wechsel der Form des Dachs. Laufende kinematische Projekte von Calatrava sind ein schwimmender Betonpavillon, der sich öffnen und schließen kann wie eine Lotosblume, ein Schutzdach für ein Gartenrestaurant sowie eine schwenkbare Brücke über die Garonne in Frankreich und der Kuwaitische Pavillon für die Weltausstellung in Sevilla 1992.

Eine gewisse Üppigkeit

Die Mannigfaltigkeit von Calatravas Denken und Entwerfen hat ihren Ursprung wohl in seiner unstillbaren Neugierde. «Picasso sagte, der beste Ort, um malen zu lernen, sei in einem Museum. Dort könne man beobachten und untersuchen, was andere Leute gemalt haben.» Calatrava gibt gerne zu, daß er einer ganzen Reihe von Architekten und Ingenieuren eine Menge schuldet. «Ich denke, die Originalität meiner Arbeit liegt in der Extrapolation bestimmter Gesichtspunkte, die ich im Werk anderer erkannt habe.»

Bahnhof Luzern, 1991
Luzern Railway Station, 1991

Er kommt nochmals auf die verwirrende Beziehung zwischen Architekt und Ingenieur zurück: «Häufig haben wir eine sehr ‹trockene› Vorstellung vom Beruf des Bauingenieurs. Im Gegensatz dazu steht der Architekt, der sein Wissen aus theoretischen Überlegungen und kulturellen Gegebenheiten ableitet – eine Vielzahl der architektonischen Prozesse lassen sich aus der Geschichte herleiten. Der Ingenieur dagegen braucht auch Mut und den Glauben an das, was er tut. Brunel zum Beispiel baute wunderschöne Brücken – aber er brauchte dazu ein immenses Vertrauen in die Stabilität seiner Projekte, das nicht unbedingt durch die Basis mathematischer Kenntnis begründet war.»

«Dessen ungeachtet ist reine Ingenieurlogik eine beschränkte Logik. Allzu häufig ist sie falsch verknüpft mit Minimalkriterien, den Materialverbrauch betreffend.

Meine eigene Arbeit wurde stark beeinflußt durch die Bedingungen, die ich in der Praxis vorfand. Ich erhielt Teil-Aufträge von anderen Architekten. Dies waren, wie sich oftmals zeigte, ziemlich große Projekte, etwa Schulhäuser oder Bahnhöfe. Danach waren meine Arbeiten meist von solcher Dimension. So habe ich einen beträchtlichen Teil meiner Erfahrungen mit öffentlichen Bauherren gemacht, die normalerweise über einen sehr kleinen und rigorosen Kostenrahmen verfügten. Entweder arbeitet man dann mit den immer gleichen Konstruktionselementen, oder man versucht, Nachbearbeitungen zu vermeiden, indem man qualitativ gutes Rohmaterial verwendet. So ist es trotzdem möglich, auch mit wenig Geld eine gewisse Üppigkeit zu erlangen.

Mein Wunsch ist es, Bauten zu errichten, die für ihre Umgebung erstellt werden und die in einer Beziehung zu ihrem Umfeld stehen. Das Ziel dabei ist einmal mehr, einen Konsens zu finden zwischen Architektur und Ingenieurbau, um damit die statischen, formalen und gestalterischen Möglichkeiten des betreffenden Materials voll auszuschöpfen. Hinter all dem steht die Suche nach einer Übereinstimmung zwischen der Kunst, der Architektur und der Ingenieurbaukunst.»

Sutherland Lyall

Curriculum Vitae

Santiago Calatrava Valls born in Benimamet, Valencia (Spain)	28.7.1951	Santiago Calatrava Valls wird in Benimamet, Valencia (Spanien) geboren
Primary school in Valencia	1956–1961	Primarschule in Valencia
Visits evening classes at the School for Arts and Crafts in Burgasot (Spain)	1959–1960	Besuch von Abendkursen der Kunstgewerbe-schule in Burgasot (Spanien)
Secondary school in Valencia	1961–1968	Gymnasium in Valencia
Art school in Valencia	1968–1969	Kunstschule in Valencia
Studies Architecture at "Escuela Technica Superior de Arquitectura de Valencia" and qualifies as an architect	1969–1973	Architekturstudium mit Diplom an der «Escuela Technica Superior de Arquitectura de Valencia»
Graduate Course in Urban Studies in Valencia	1973	Nachdiplomstudium in Urbanistik in Valencia
Studies Civil Engineering at the ETH Zurich (Swiss Federal Institute of Technology).	1975–1979	Bauingenieurstudium an der ETH Zürich
Awarded Doctorate in Technical Sciences by the ETH, for his thesis: "Concerning the foldability of Spaceframes"	1979–1981	Doktorat der Technischen Wissenschaften an der Architekturabteilung der ETH mit dem Thema «Zur Faltbarkeit von Fachwerken»
Assistant in the Institute for Building Statics and Construction and the Institute for Aircraft Statics and Lightweight Construction, ETH, Zurich		Assistent am Institut für Baustatik und Konstruktion sowie am Institut für Flugzeug-statik und Leichtbau der ETH Zürich
Architecture and Civil Engineering office established in Zurich	1981	Architektur- und Bauingenieurbüro in Zürich
Member of BSA (Swiss Architects Federation)	1987	BSA-Mitglied (Bund Schweizer Architekten)
"Auguste Perret UIA" Prize (Union Internationale d'Architectes)		Preis «Auguste Perret UIA» (Union Internationale d'Architectes)
Member of the "International Academy of Architecture"		Mitglied der «International Academy of Architecture»
Art prize of the city of Barcelona for the Bach de Roda Bridge in Barcelona	1988	Kunstpreis der Stadt Barcelona für die Bach-de-Roda-Brücke in Barcelona
"Premio de la Asociación de la prensa" (Award of the Press Association), Valencia		«Premio de la Asociación de la prensa» (Preis der Pressevereinigung), Valencia
IABSE Prize (International Association for Bridge and Structural Engineering)		IVBH-Preis (Internationale Vereinigung für Brückenbau und Hochbau)
FAD Prize (Fomento de las Artes y el Diseño), Spain; Award for "Opinion, Space, Architecture"		FAD-Preis (Fomento de las Artes y el Diseño), Spanien; Auszeichnung für «Kritik, Raum, Architektur»
Fritz Schumacher Prize, Germany, for "Urbanism, Architecture, Engineering"		Fritz-Schumacher-Preis, Deutschland, für «Städtebau, Architektur, Ingenieurwesen»
Fazlur Rahman Khan International Fellowship for Architecture in Engineering		Fazlur Rahman Khan International Fellowship for Architecture in Engineering
Honorary Member of the BDA (Association of German Architects)	1989	Ehrenmitglied BDA (Bund Deutscher Architekten)
Second office opened in Paris		Eröffnung eines Büros in Paris
"Médaille d'Argent de la Recherche et de la Technique" (Académie d'Architecture Foundation 1970), Paris	1990	«Médaille d'Argent de la Recherche et de la Technique» (Fondation Académie d'Architecture 1970), Paris
European Glulam Award (Glued Laminated Timber Construction), Munich	1991	Europäischer Holzleimbau-Preis, München
"Award for good buildings" Zurich for Stadelhofen Railway Station		«Auszeichnung für gute Bauten» der Stadt Zürich für den Bahnhof Stadelhofen
Member of the "Real Academia de Bellas artes de San Carlos", Valencia	1992	Mitglied der «Real Academia de Bellas artes de San Carlos», Valencia

THEMSE-BRÜCKE IN LONDON

EAST LONDON RIVER CROSSING, LONDON

DIESE STAHLBOGENBRÜCKE EVOZIERT DAS BILD EINES NEUEN TORS FÜR LONDON. DIE NEUE BRÜCKE ÜBERSPANNT DIE THEMSE ÖSTLICH DER ROYAL-ALBERT-DOCKS; SIE ERMÖGLICHT DEN UNGEHINDERTEN SCHIFFSVERKEHR UND BERÜCKSICHTIGT DIE FLUGSCHNEISEN DES NAHEGELEGENEN LONDON CITY AIRPORT. MIT EINER MAXIMALEN SPANNWEITE VON 260 METERN STELLT DAS BAUWERK SECHS SPUREN FÜR DEN MOTORISIERTEN VERKEHR SOWIE FUSSGÄNGER- UND FAHRRADWEGE ZUR VERFÜGUNG. DER STAHLBOGEN WIRD ALS EIN EINZIGES STÜCK FERTIGGESTELLT UND ANSCHLIESSEND AUF DEM FLUSSWEG AN DEN BESTIMMUNGSORT GEBRACHT, WO ER IN DIE ENDGÜLTIGE POSITION GEHIEVT WIRD.

THE STEEL GIRDER BRIDGE CONJURES UP THE IMAGE OF A NEW GATEWAY TO LONDON. SPANNING THE RIVER THAMES EAST OF THE ROYAL ALBERT DOCKS IT PERMITS FREE SHIP MOVEMENT AND MEETS THE REQUIRED AIR CLEARANCES FOR LONDON CITY AIRPORT NEARBY. WITH A MAXIMUM SPAN OF 260 METRES THE BRIDGE SUPPORTS SIX TRAFFIC LANES, PEDESTRIAN AND CYCLE PATHS. THE STEEL GIRDER WOULD BE MADE OFF-SITE AND FLOATED ON THE RIVER TO THE SITE AND THEN HOISTED INTO POSITION.

APRIL 1990

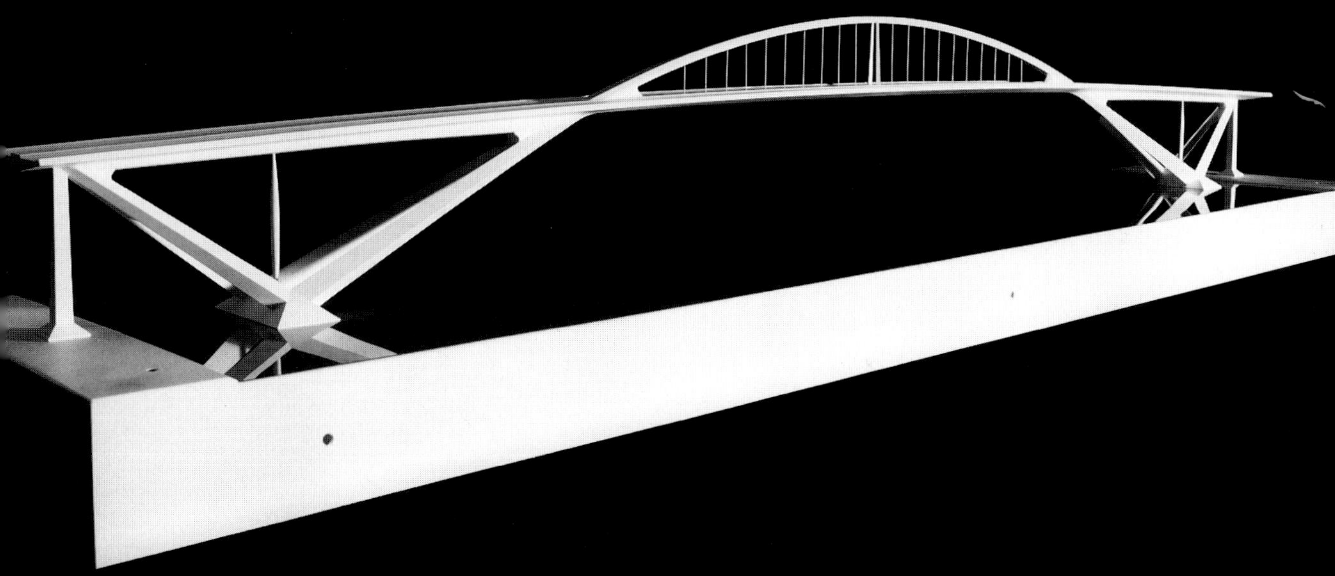

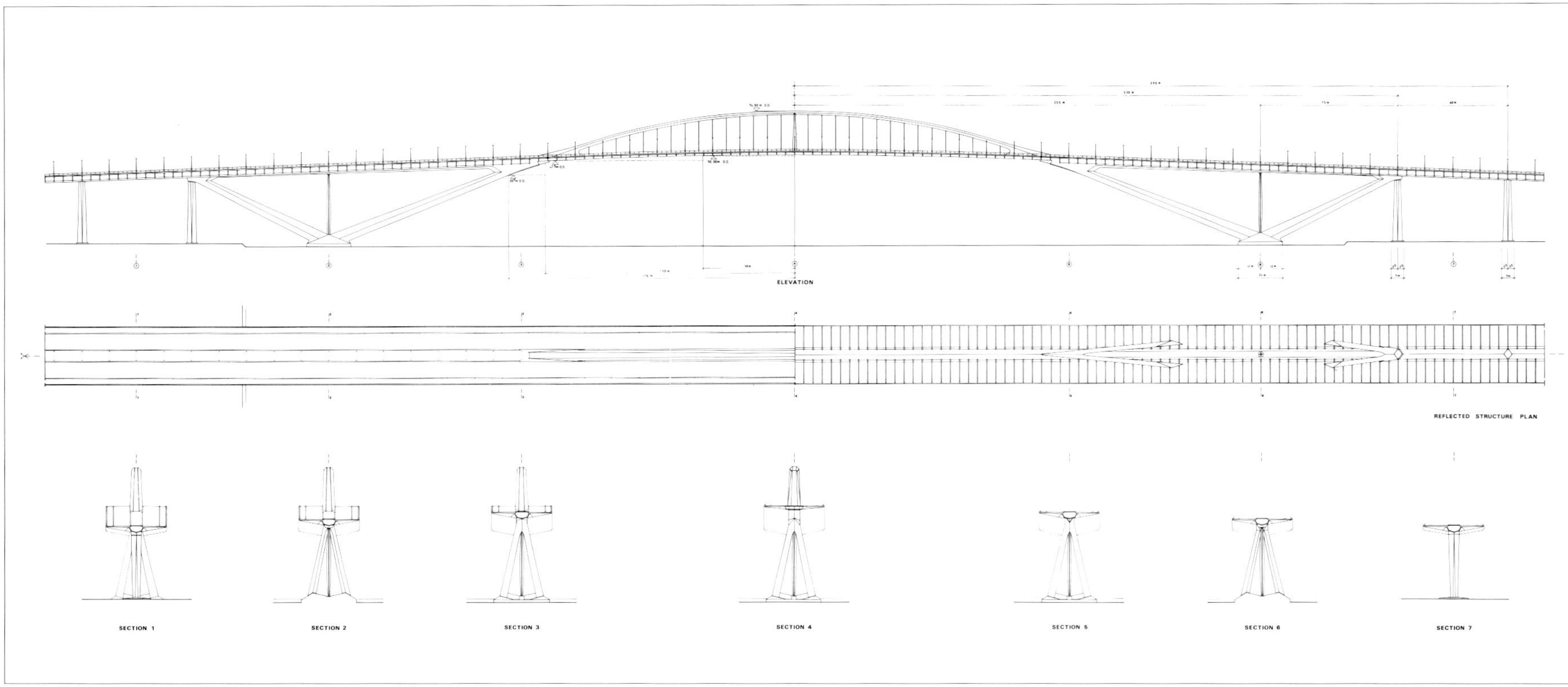
ELEVATION
REFLECTED STRUCTURE PLAN
SECTION 1
SECTION 2
SECTION 3
SECTION 4
SECTION 5
SECTION 6
SECTION 7

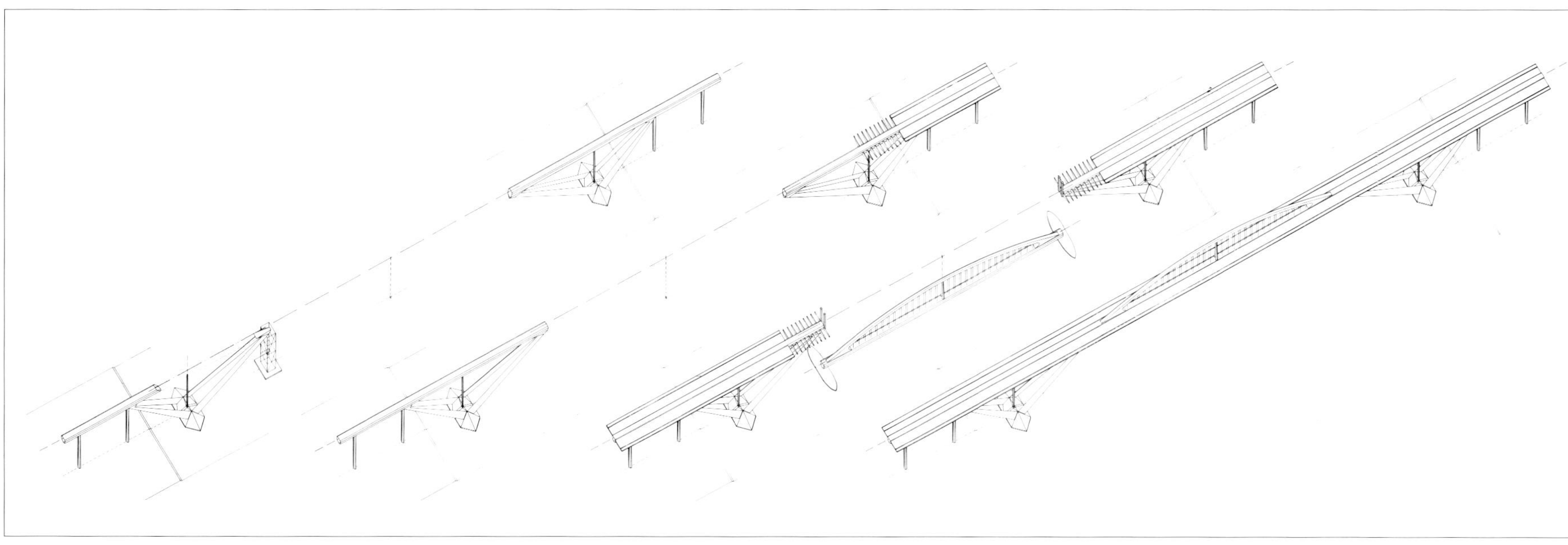

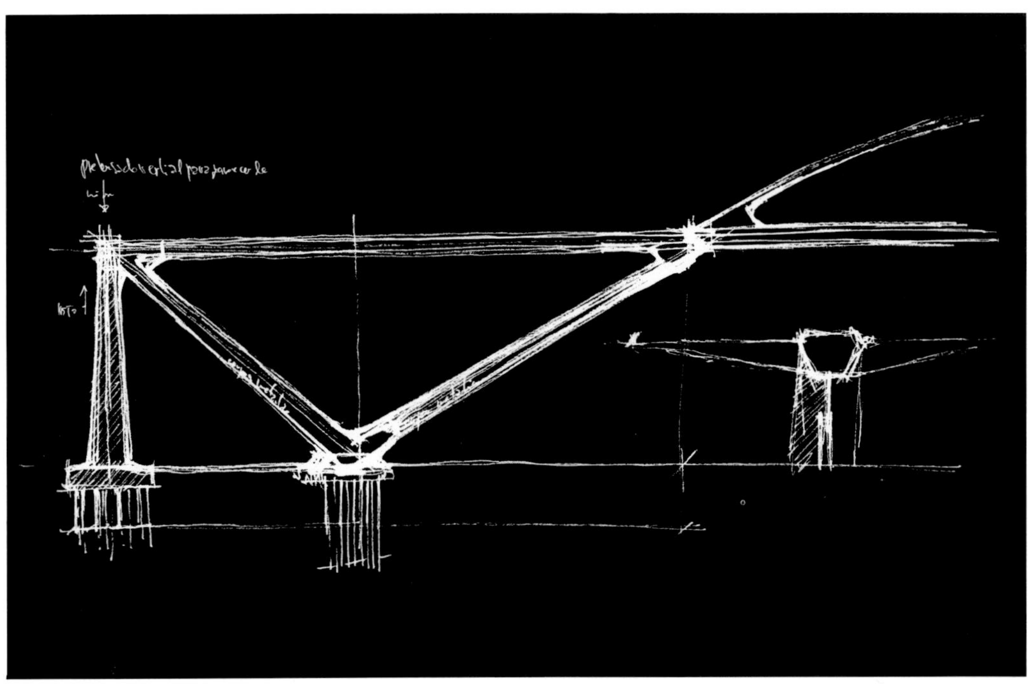

Konzertsaal in Santa Cruz, Teneriffa

Concert Hall, Santa Cruz, Tenerife

Der an der Küste situierte Konzertsaal wird ein prägnantes Element des erneuerten Stadtteils in der Nähe des Hafens sein. Das Zusammenspiel der konischen und zylindrischen Formen bildet eine freie Form; diese steht auf einem leicht erhöhten Sockel, welcher eine Piazza mitformt, die wiederum auf die Umgebung Bezug nimmt. Die Anlage wird zwei Säle beherbergen, der eine für 2000 Besucher, der andere für 400. Die Hauptbühne ist um 360 Grad drehbar und kann nach Bedarf vergrössert werden.

Situated on the waterfront of Santa Cruz in an area to be re-developed near the harbour the concert hall will appear as a signal in the city-scape. The free-form based on interacting of conical and cylindrical shapes rests on a slightly raised base forming part of the piazza which relates to the immediate surroundings. The complex will house two auditoria, one for 2,000 and another for 400 spectators. The main stage can be rotated by 360° and enlarged according to need.

January 1991

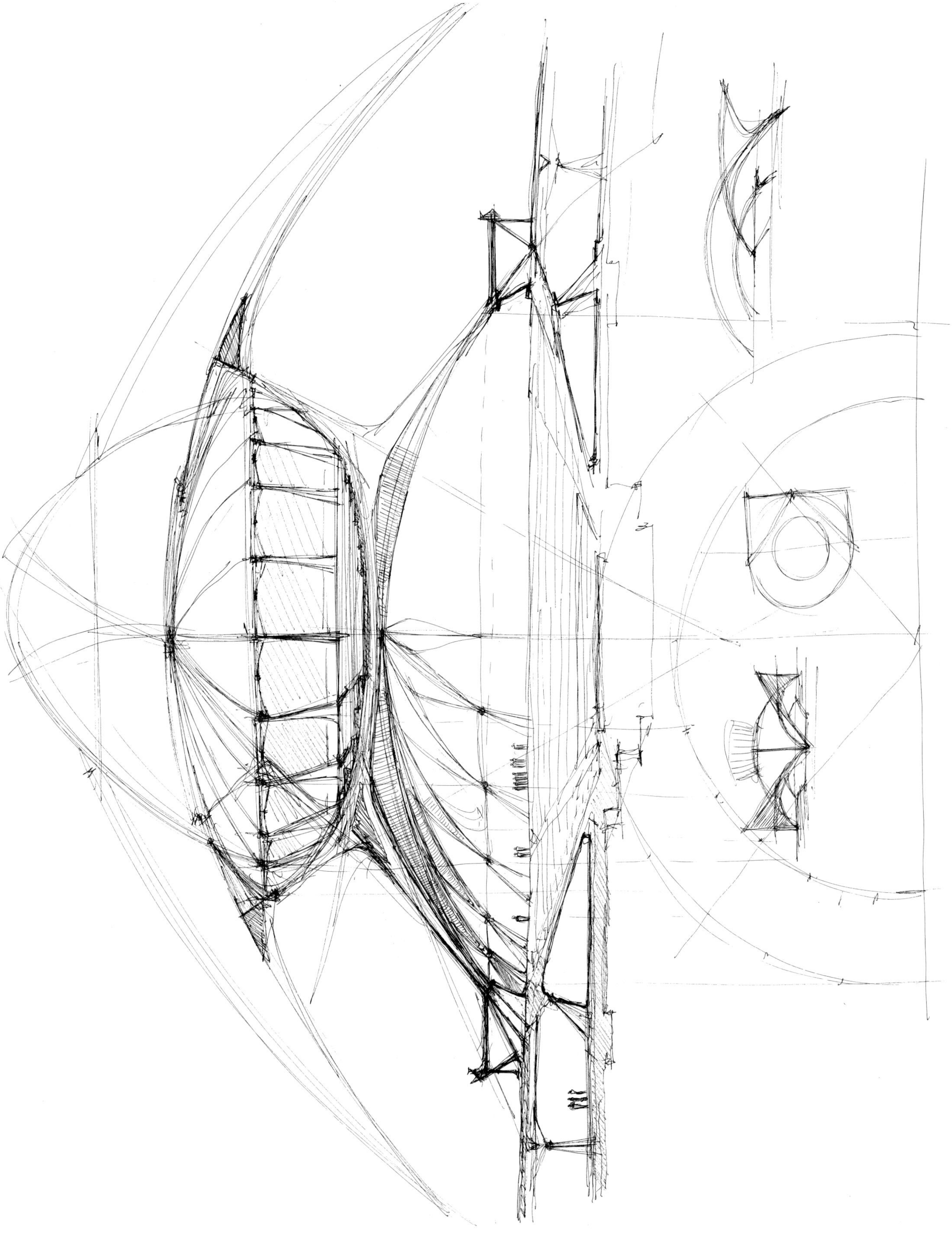

EINEN WICHTIGEN ASPEKT BEI DER KONZIPIERUNG DES IN NORDSPANIEN GELEGENEN FLUGHAFENS BILDETE DIE ANSICHT, WELCHE SICH DEN AUF DER STRASSE UND AUF DEM LUFTWEG ANKOMMENDEN REISENDEN DARBIETEN WIRD. DER KOMPLEX BESTEHT AUS EINER GROSSEN HALLE SOWIE AUS ZWEI FLÜGELARTIGEN TEILEN, DIE DIE WARTEHALLEN UND DIE EINSTEIGEBEREICHE UMFASSEN. DAS AUS BETON UND STAHL GEFORMTE GEBÄUDE IST BEHUTSAM IN DIE GRÜNE HÜGELLANDSCHAFT EINGEBETTET.

AN IMPORTANT ASPECT IN THE CONCEPTION OF THE AIRPORT FOR BILBAO IN NORTHERN SPAIN HAS BEEN THE VIEWS PERCEIVED BY USERS ARRIVING EITHER BY MOTOR-VEHICLE OR AIRCRAFT. IT IS COMPRISED OF A LARGE HALL FOR ALL FLIGHT FORMALITIES AND WINGS HOUSING THE WAITING AND ACCESS AREAS FOR FLIGHTS. THE STEEL AND CONCRETE STRUCTURE IS CAREFULLY INTEGRATED INTO THE HILLY GREEN LANDSCAPE.

DECEMBER 1990

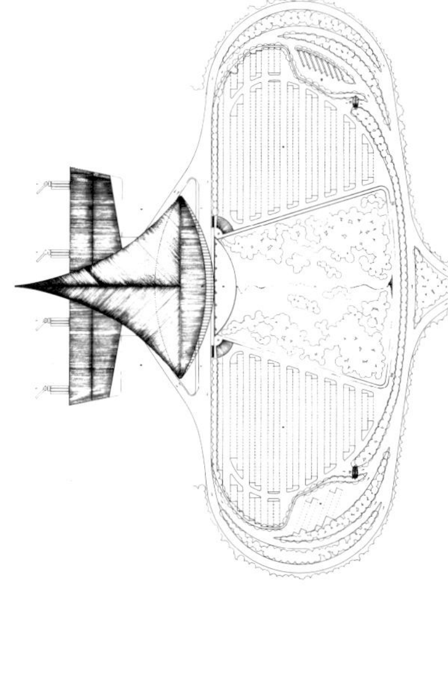

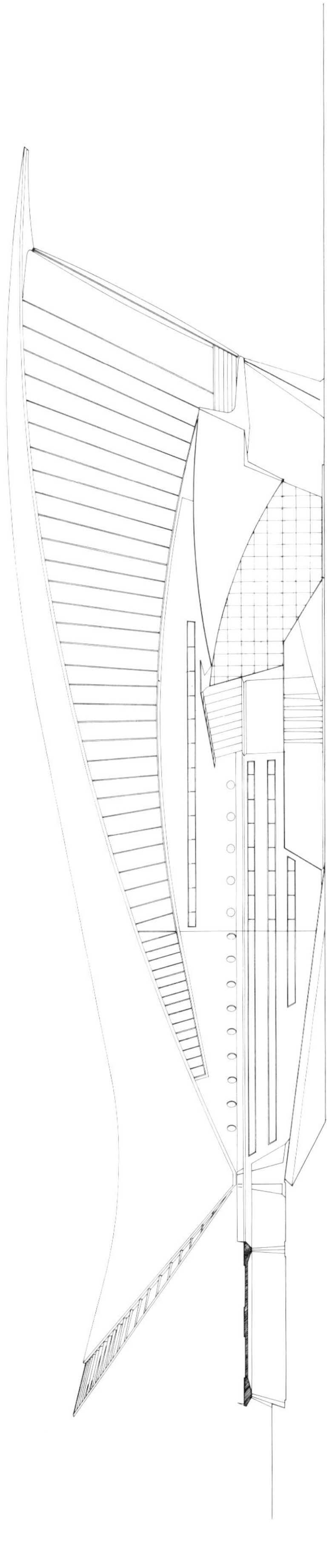

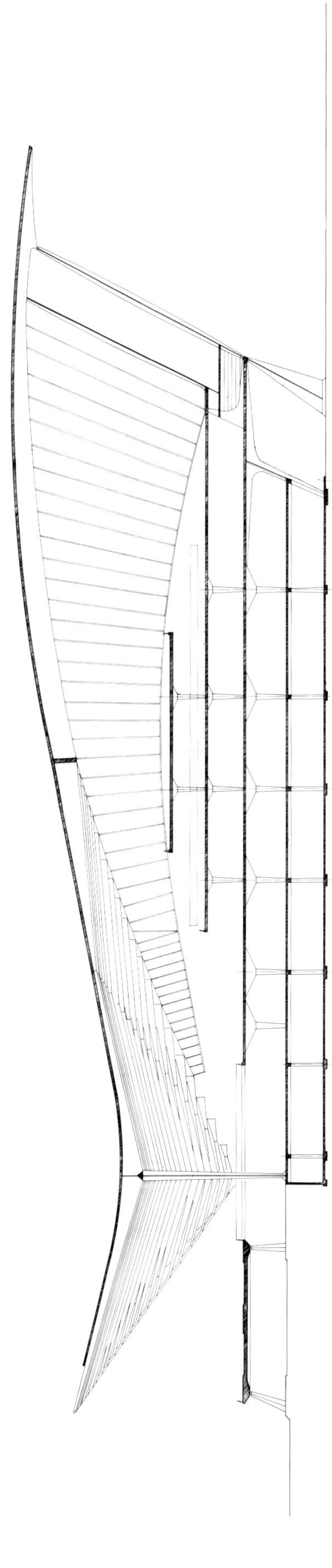

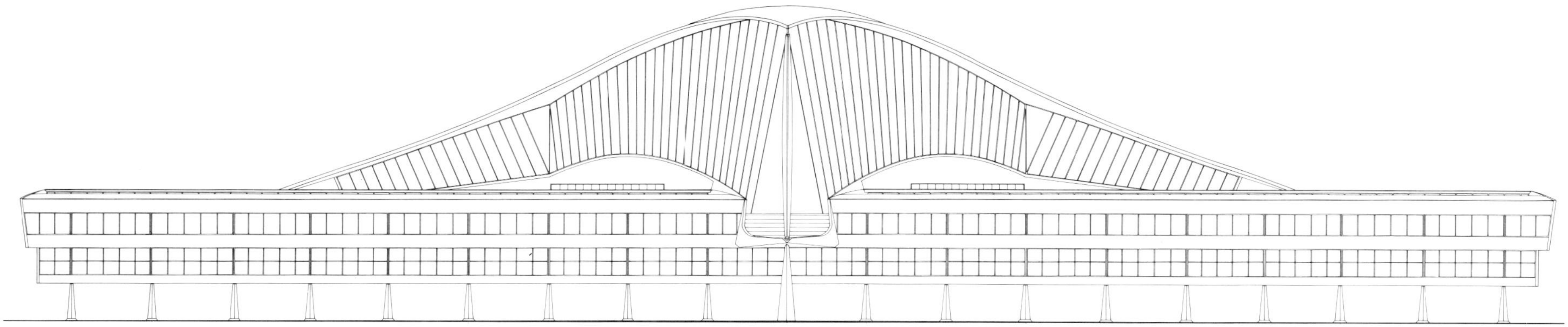

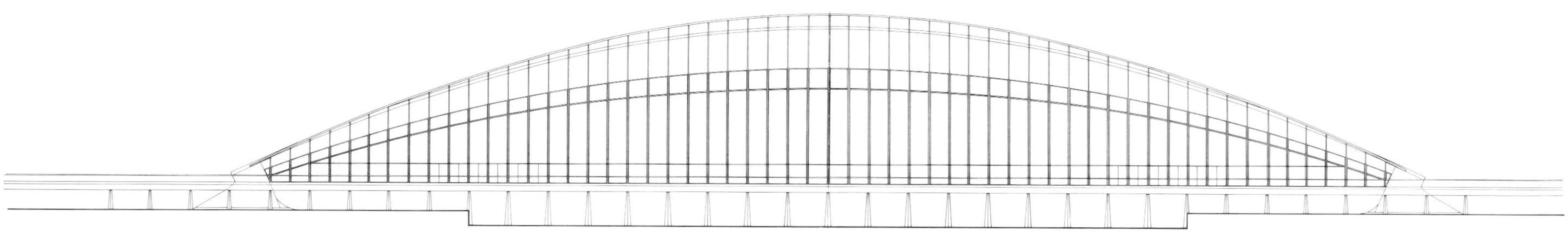

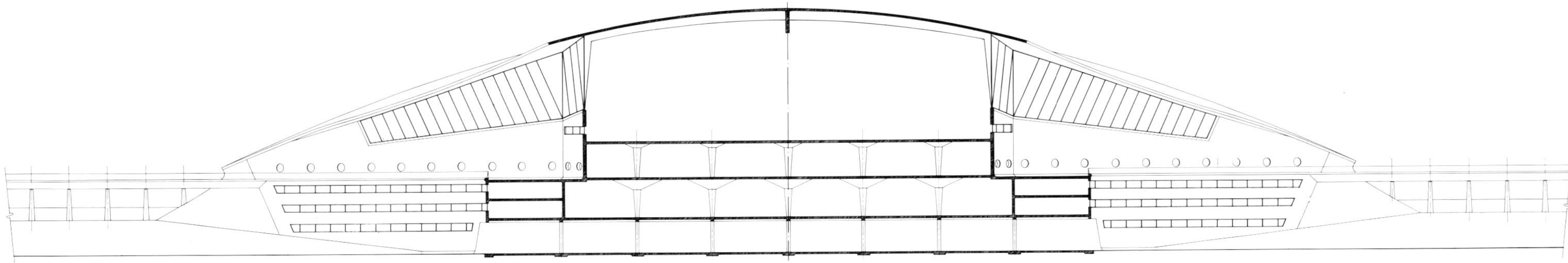

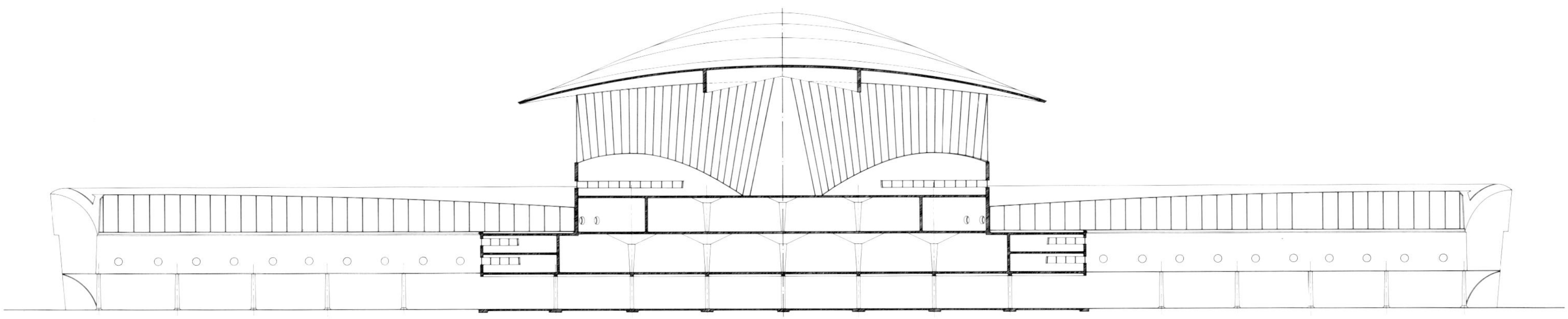

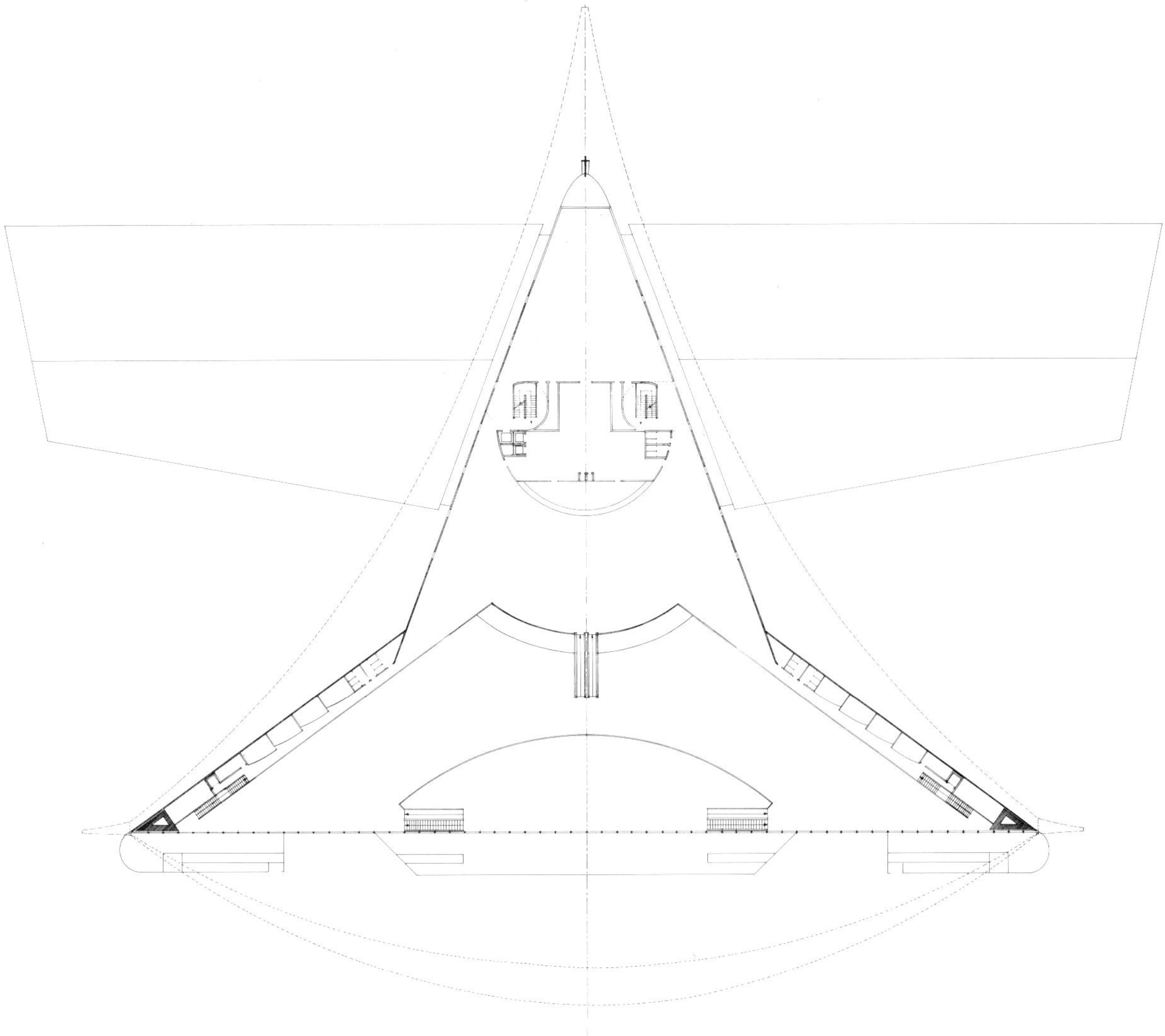

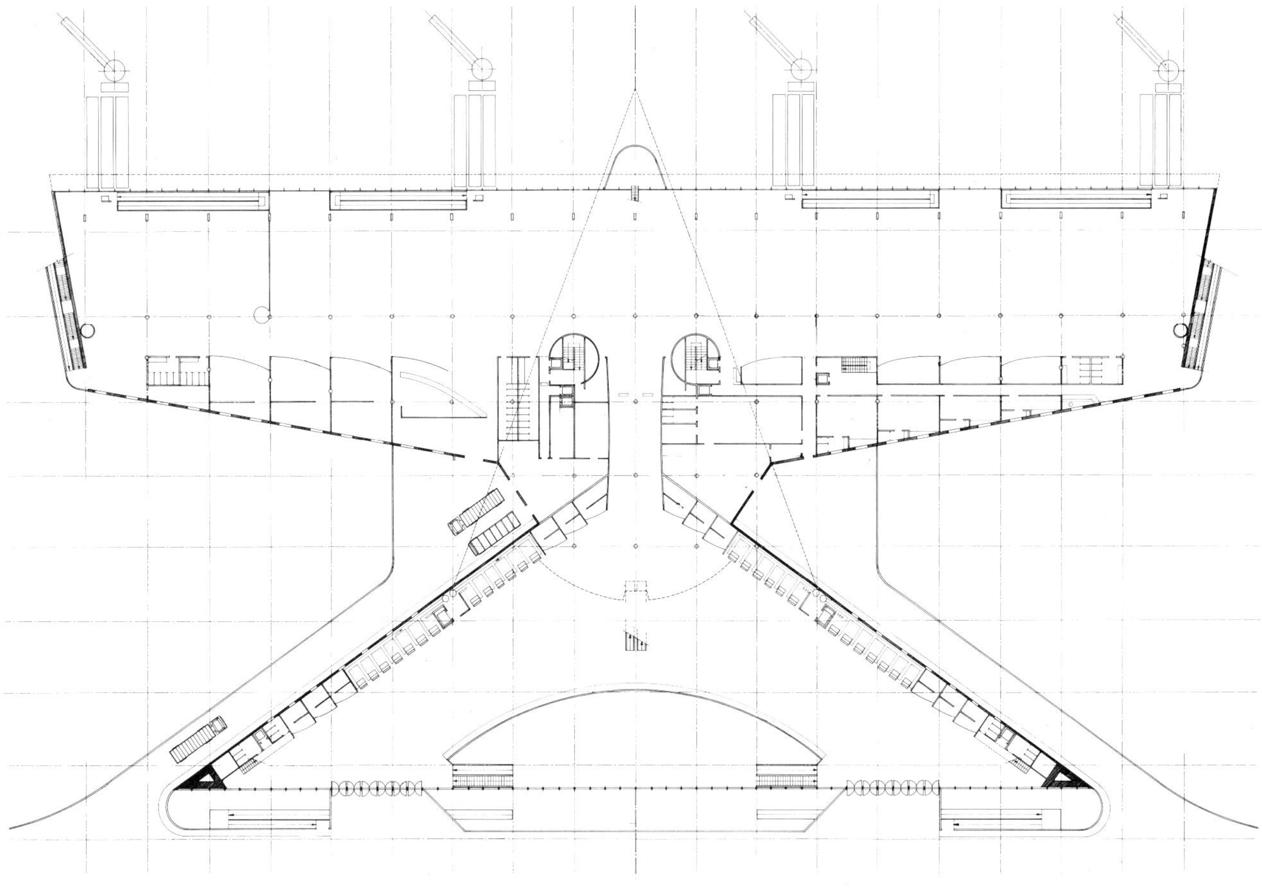

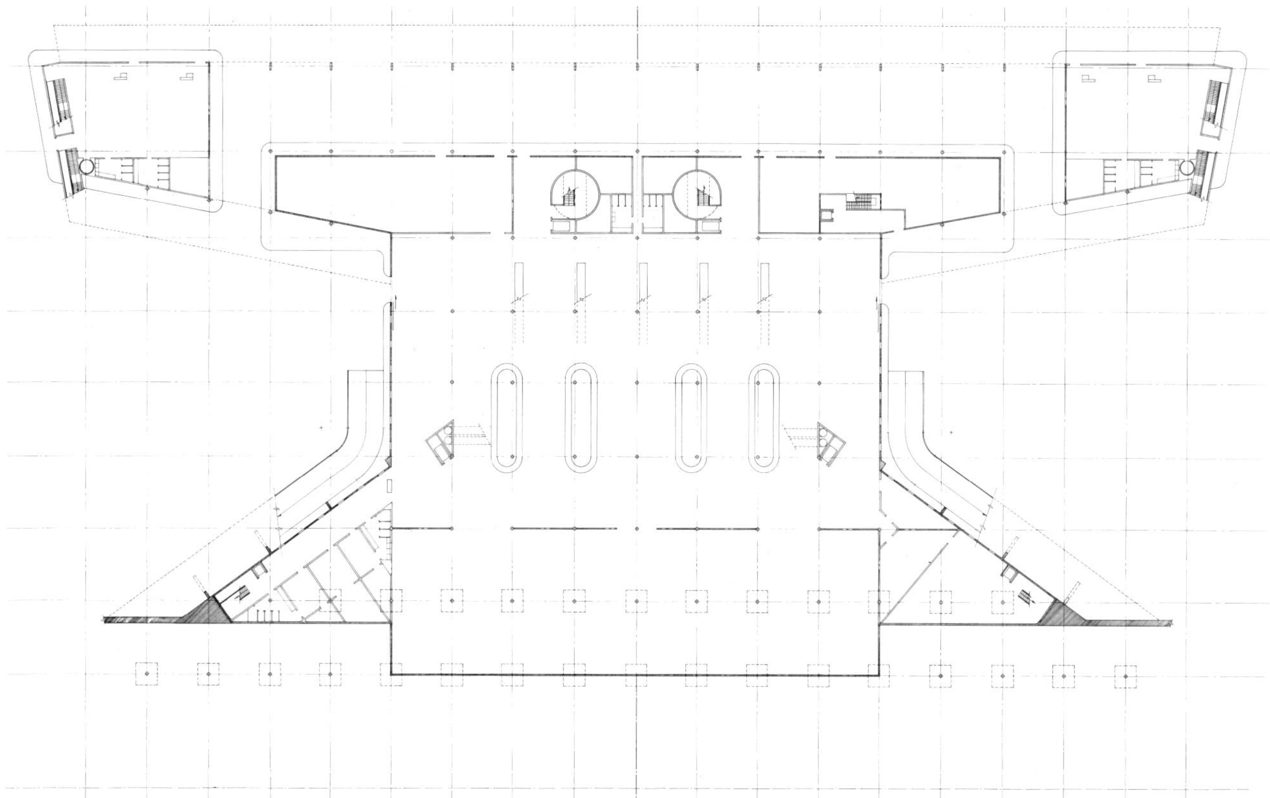

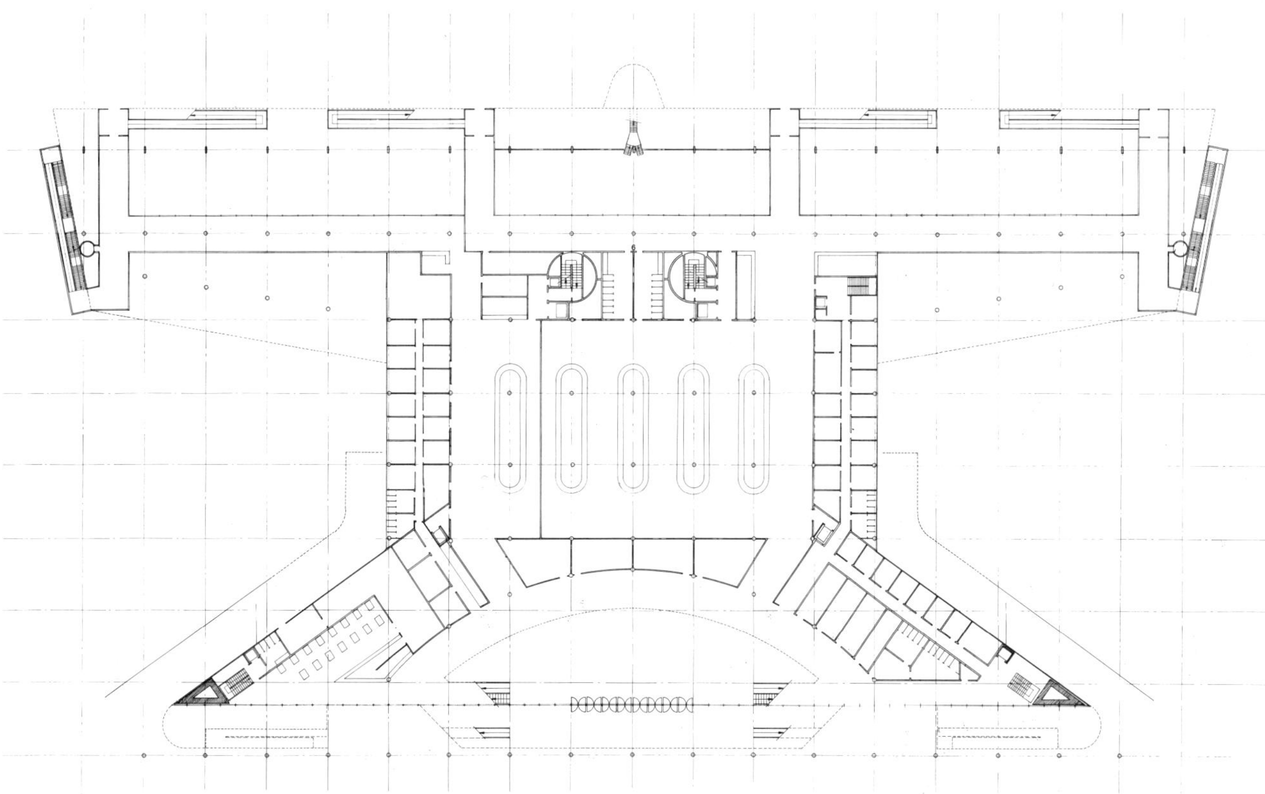

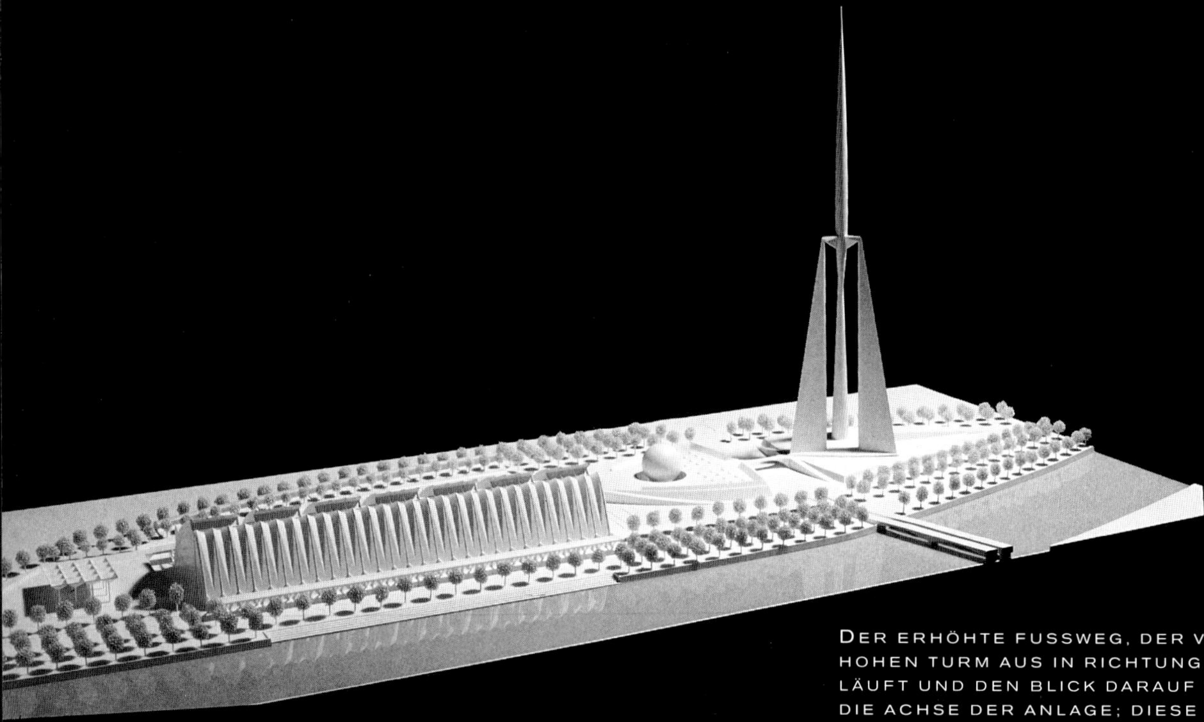

Der erhöhte Fussweg, der vom 327 Meter hohen Turm aus in Richtung Meer hin verläuft und den Blick darauf freigibt, bildet die Achse der Anlage; diese stellt das Ordnungsprinzip der einzelnen Elemente dar. Das diamantförmige Gebäude beherbergt die Bibliothek, verschiedene Hörsäle und die Restaurants. Von der Ausstellungshalle sieht man durch den erhöhten Fussweg hindurch die Verwaltungsbauten, welche am Rande der Gesamtanlage zur Strasse hin plaziert sind. Auf der nördlichen Seite hat man einen direkten Blick zum Fluss – einen unmittelbaren Bezug zur Natur. Die Hallen für Dauer- und Wechselausstellungen werden durch eine über mehrere Stockwerke verlaufende Galerie miteinander verbunden. Im Osten das Planetarium.

The elements of the complex are ordered about a centrally raised axial walkway. Taking its point of departure from the 327 metres high communications tower it permits a view of the sea. A diamand-shaped structure houses the library, various auditoria and restaurants. The exhibition hall is optically connected through gardens under the walkway to the administration buildings on the road edge. Direct views to the river on the northern side also provide a direct link to nature. Internally the temporary and permanent exhibition spaces are connected by a gallery extending over several floors. The planetarium is situated to the east.

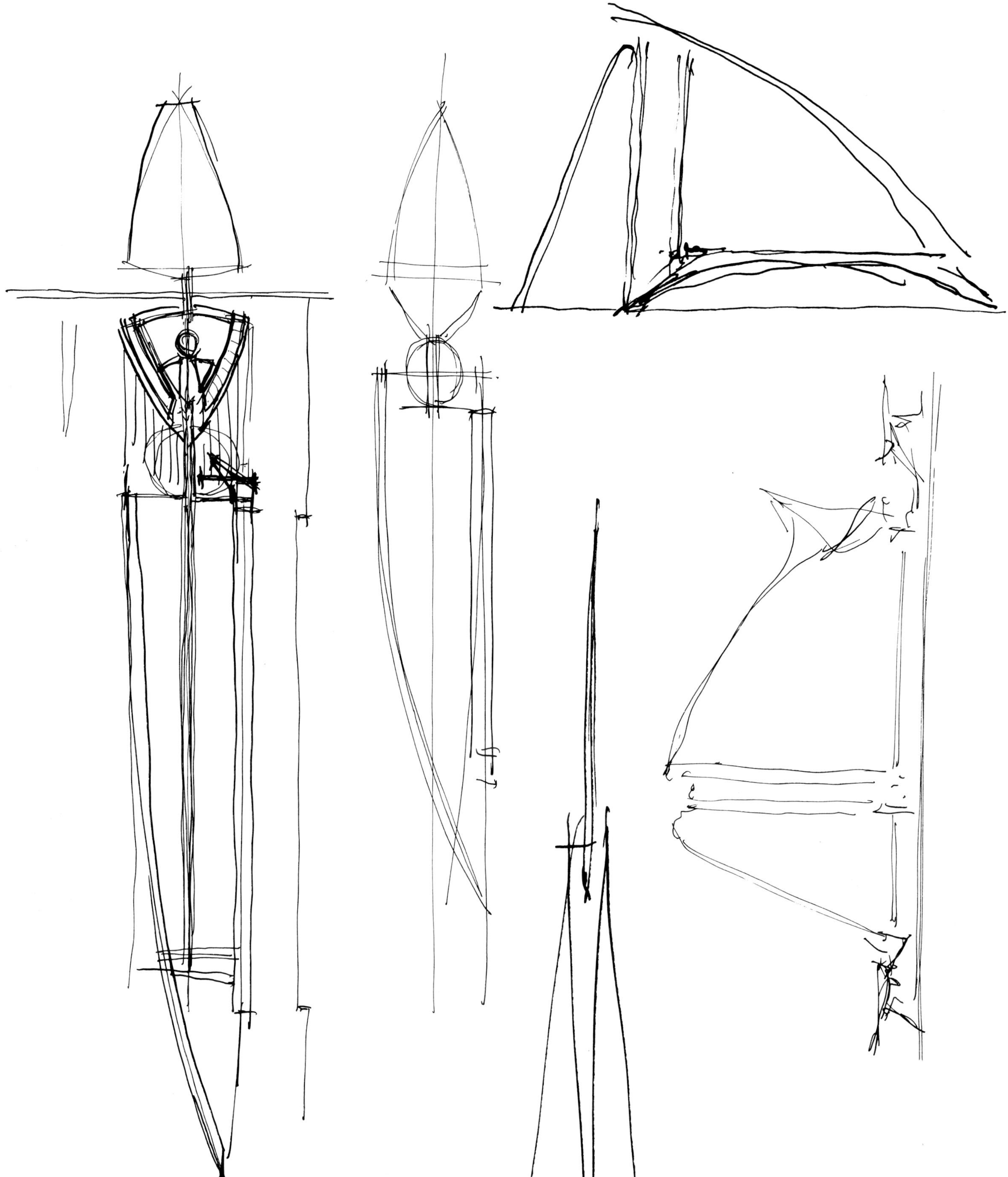

MUSEUM IN VALENCIA

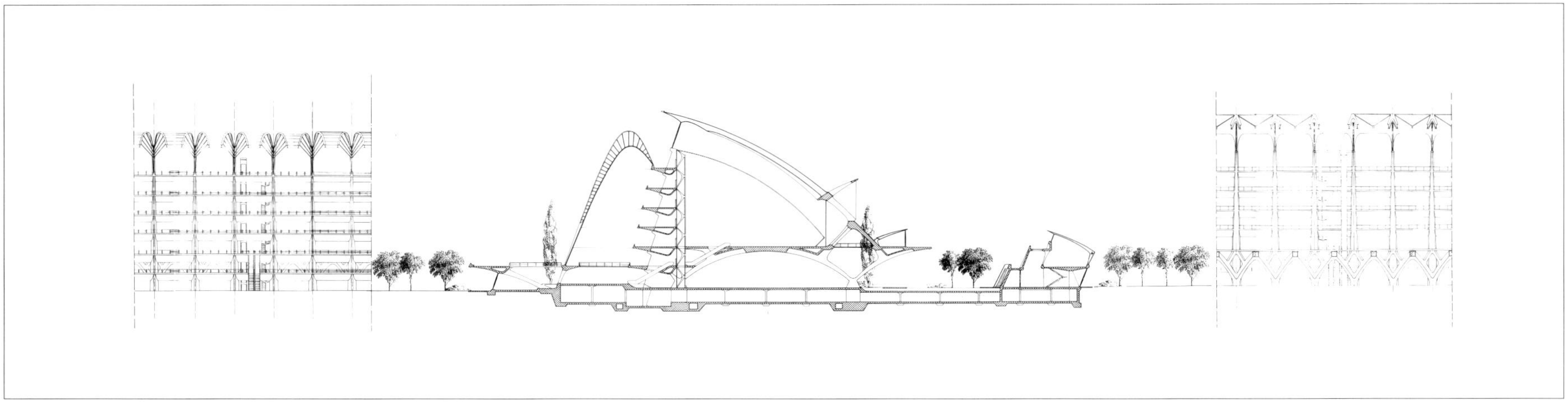

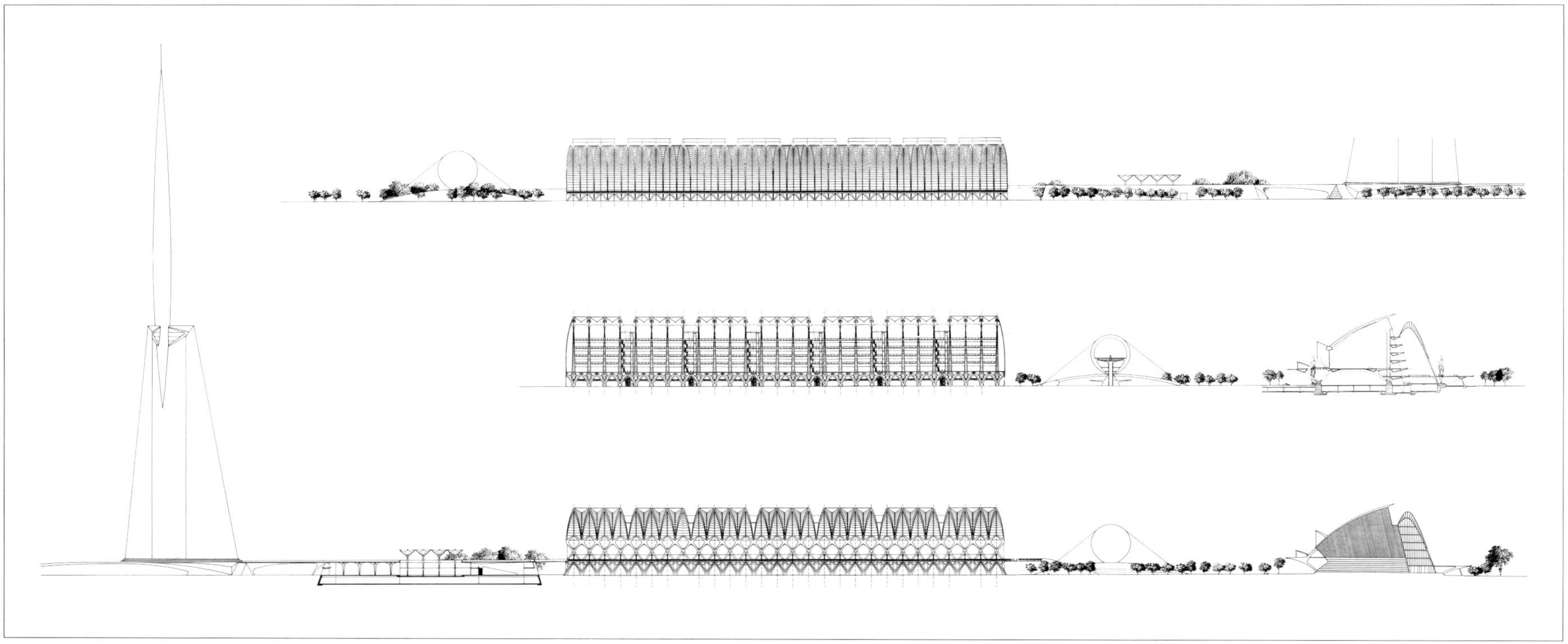

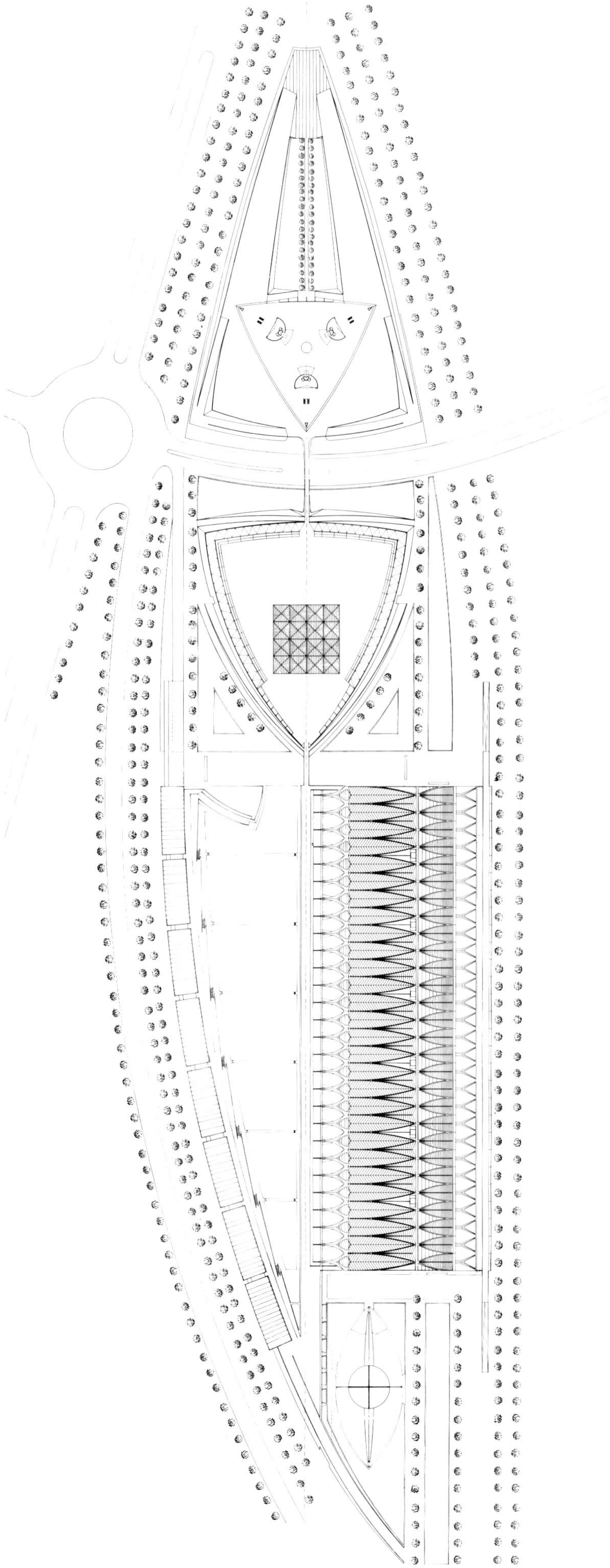

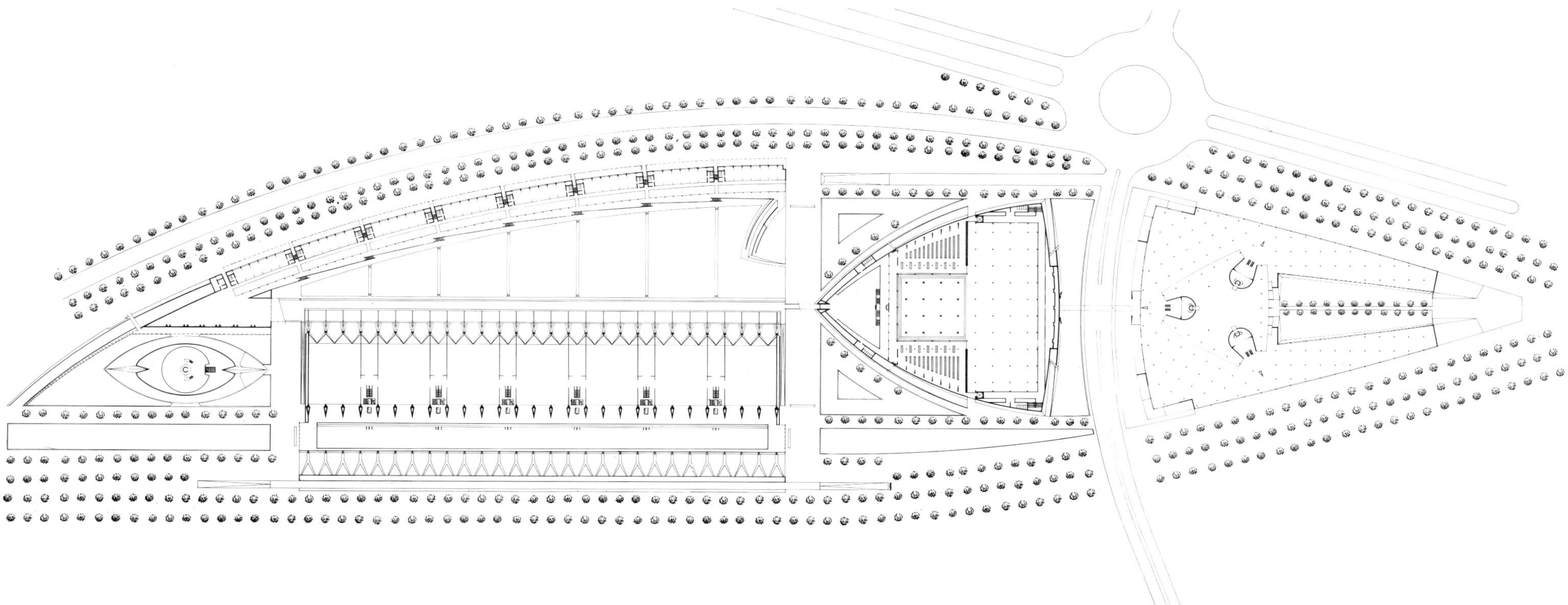

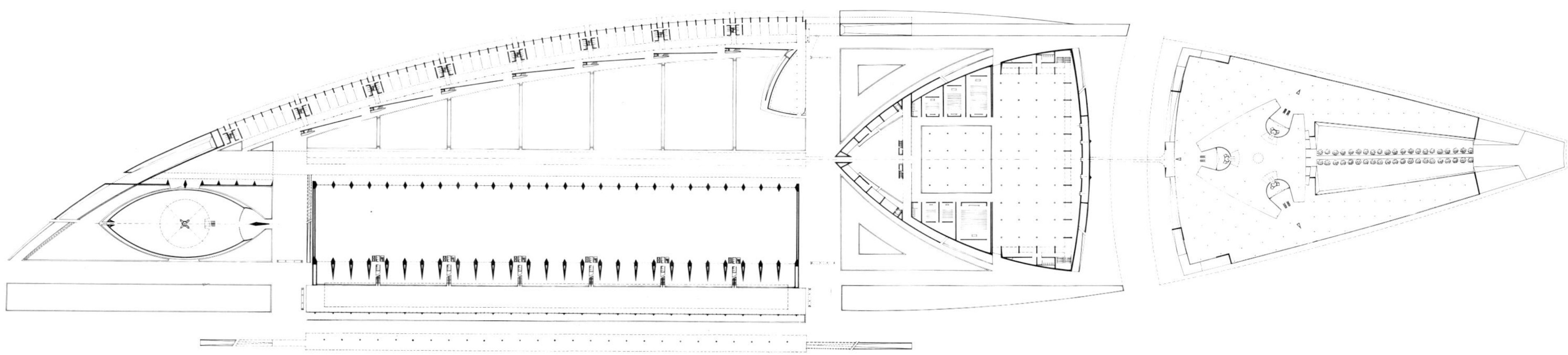

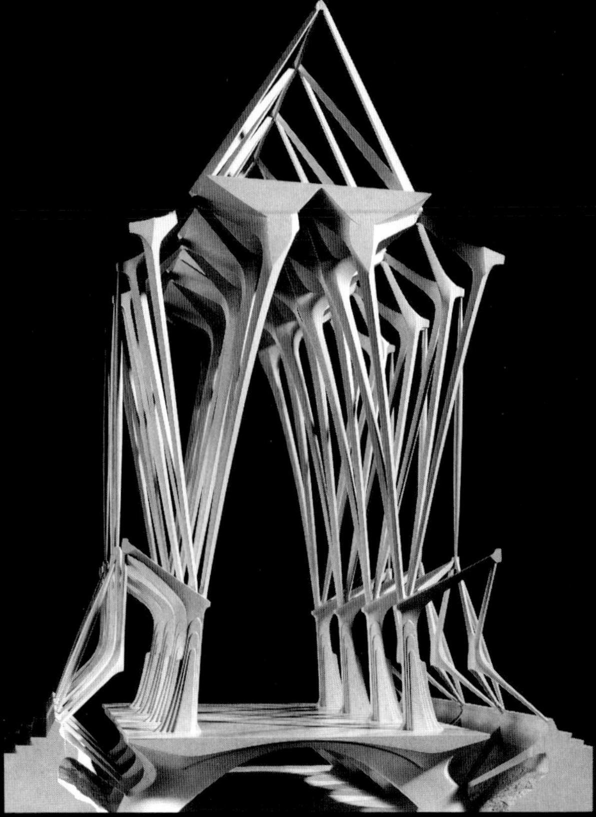

Kathedrale St. John the Divine, New York

Cathedral of St. John the Divine, New York

Erster Preis in einem eingeladenen Wettbewerb zur Fertigstellung der 1892 begonnenen Kathedrale. Die archetypische Grundform der Kirche wird beibehalten, wobei aber das strukturelle System neu gedeutet wird. Das Bauprogramm verlangte die Einfügung eines neuen Elementes, eines Bioshelters: Calatravas Projekt folgt dem ursprünglichen Grundriss und sieht eine Plazierung unmittelbar unter der Stahlglasdecke vor. Die neue Struktur aus Granit und Kalkstein ist von der Baum-Idee inspiriert: Wurzeln – Krypta, Erde – Hauptschiff, Stamm – Querschiff, Äste – Stützen, Blattwerk – Bioshelter.

First prize in an invited competition to complete the cathedral of St. John the Divine commenced in 1892. The archetypal form of the cathedral is maintained while the structural system is re-interpretated. The programme required the introduction of a new element, a bioshelter. It is designed to follow the original plan of the cathedral and is placed immediately below the glass-steel roof construction. The image of a tree serves as a basis for the new structure of granite and lime-stone: roots-crypt, earth-nave, trunk-transcepts, branches-pillars and folliage-bioshelter.

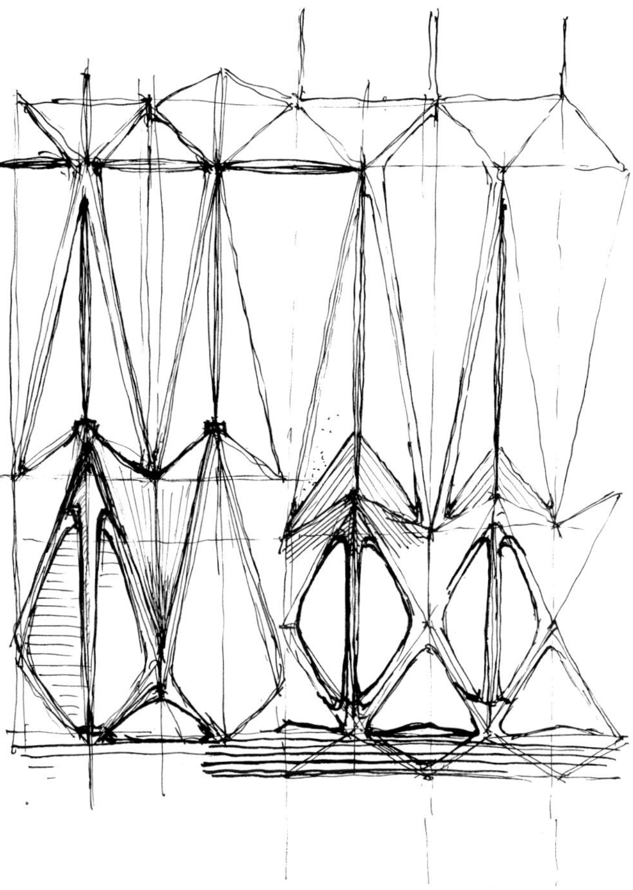

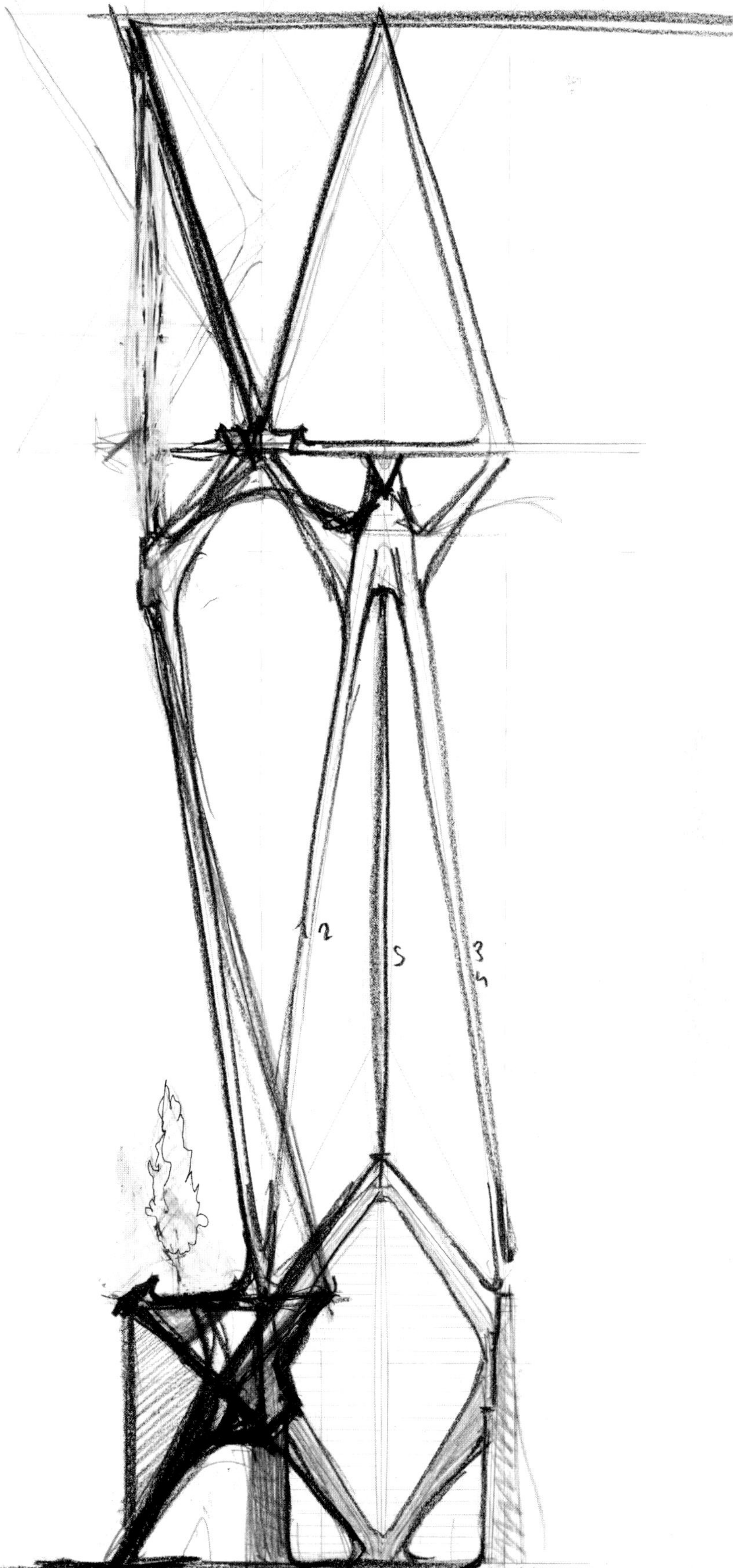
1 2
5
3
4

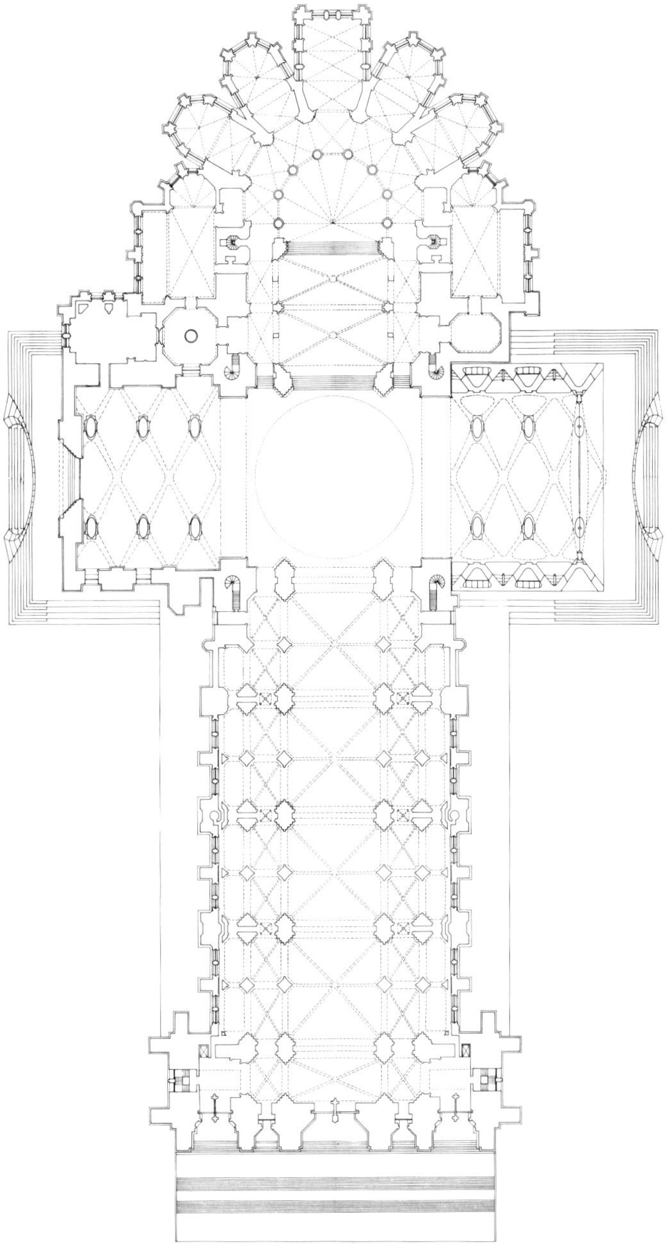

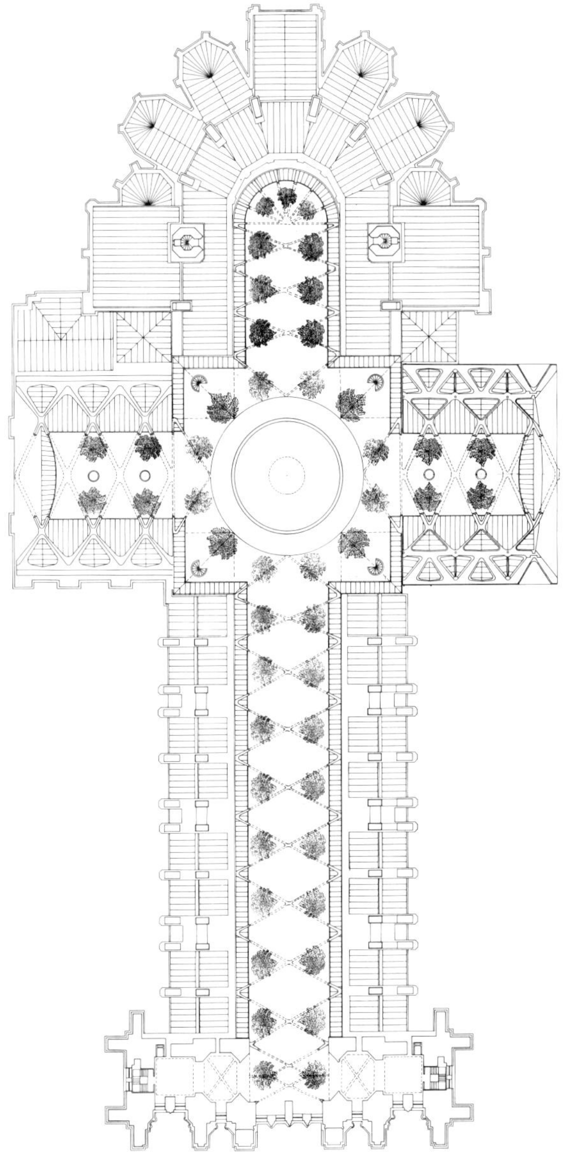

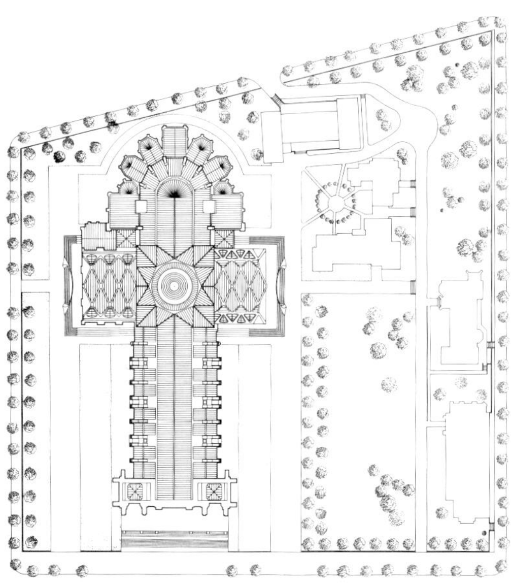

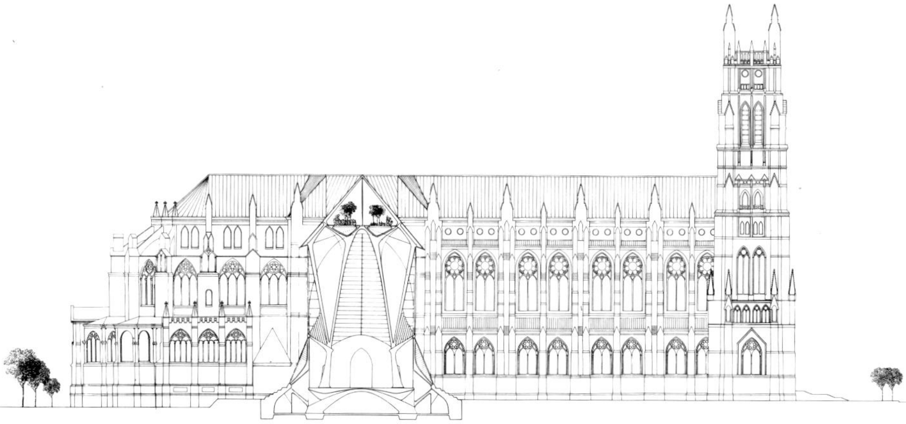
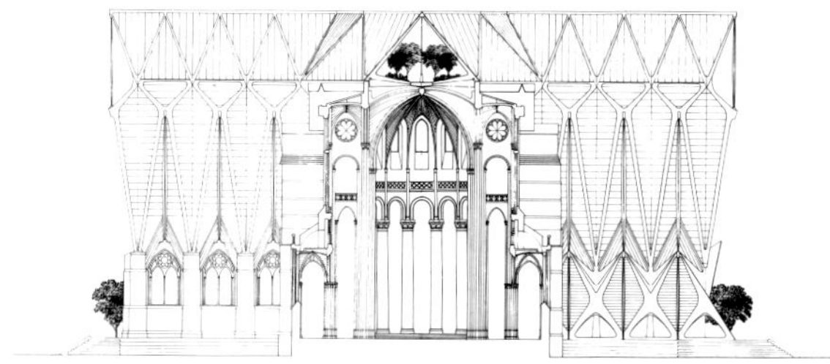
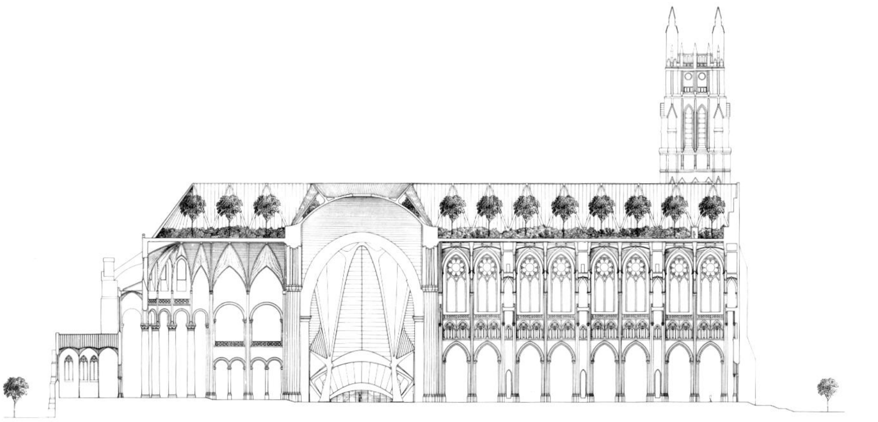
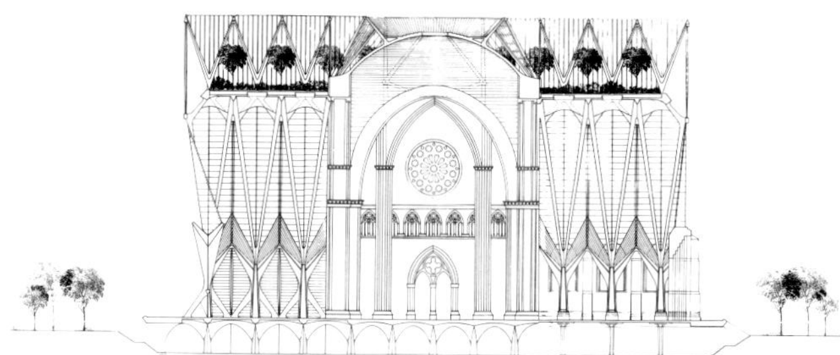
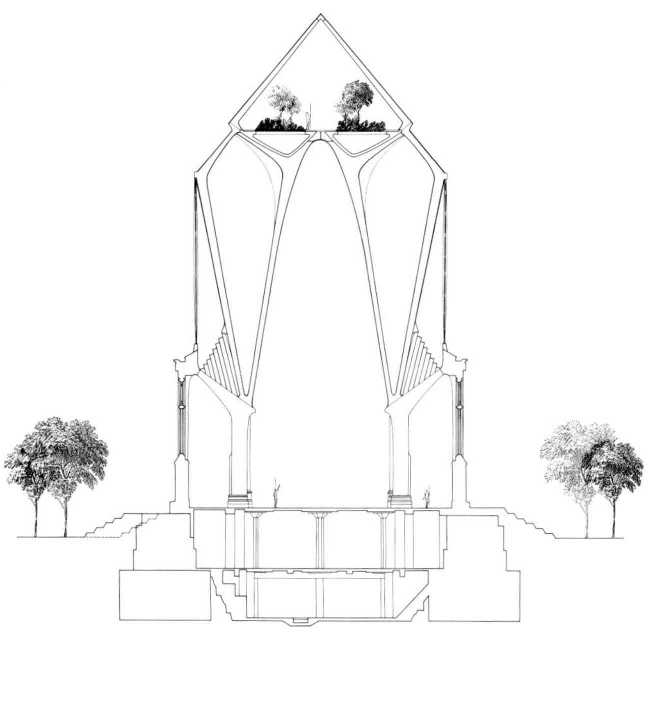
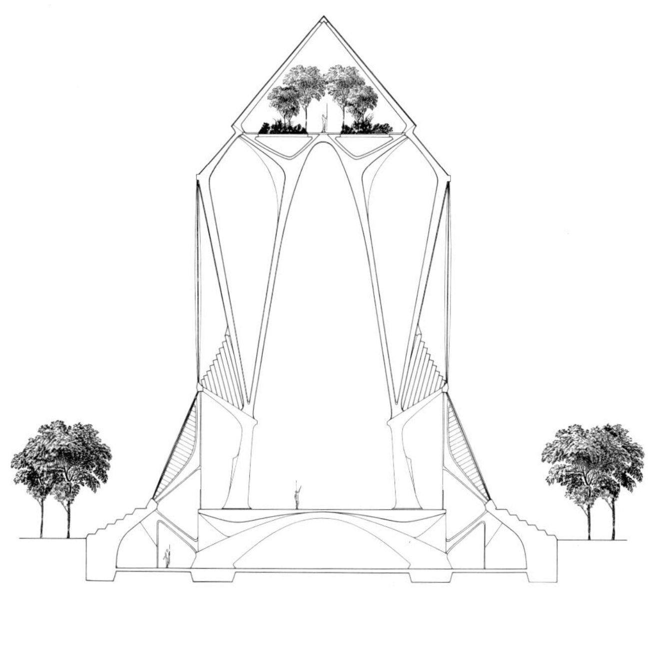

MÉDOC-BRÜCKE, BORDEAUX MÉDOC BRIDGE, BORDEAUX

DIESE NEUE BRÜCKE ÜBER DEN FLUSS GARONNE SOLL NEUE QUARTIERE VON BORDEAUX MITEINANDER VERBINDEN; SIE WIRD DIE SÜDLICHSTE STADTBRÜCKE SEIN. DIE VORGESCHLAGENE DREHBARE SCHRÄGSEILBRÜCKE WEIST JE EINE SPANNWEITE AUF VON 120 METERN VOM DREHPUNKT AUS. DER MAST IST 100 METER HOCH. DIE SILHOUETTE DER LEICHTEN STRUKTUR ERINNERT AN JENE EINES WINDJAMMERS. DIE MOTORISIERTEN BENUTZER DER BRÜCKE GENIESSEN UNTER DEM ERHÖHTEN UND GETRENNTEN GEHSTEIG HINDURCH DIE SICHT ZUM WASSER.

THIS NEW BRIDGE OVER THE RIVER GARONNE WILL CONNECT NEW DISTRICTS IN BORDEAUX AND WILL BE THE SOUTHERN MOST CITY BRIDGE. THE PROPOSED STEEL CABLE STAYED SWING BRIDGE HAS A SPAN OF 120 METRES EITHER SIDE OF THE PIVOT WITH A MAST 100 METRES HIGH. THE LIGHT SILHOUETTE STRUCTURE RESEMBLES AN OLD WINDJAMMER. MOTORISTS CAN ENJOY VIEWS OF THE WATER BETWEEN THE EDGE OF THE ROAD AND THE CANTILEVERED RAISED PAVEMENTS.

JULY 1991

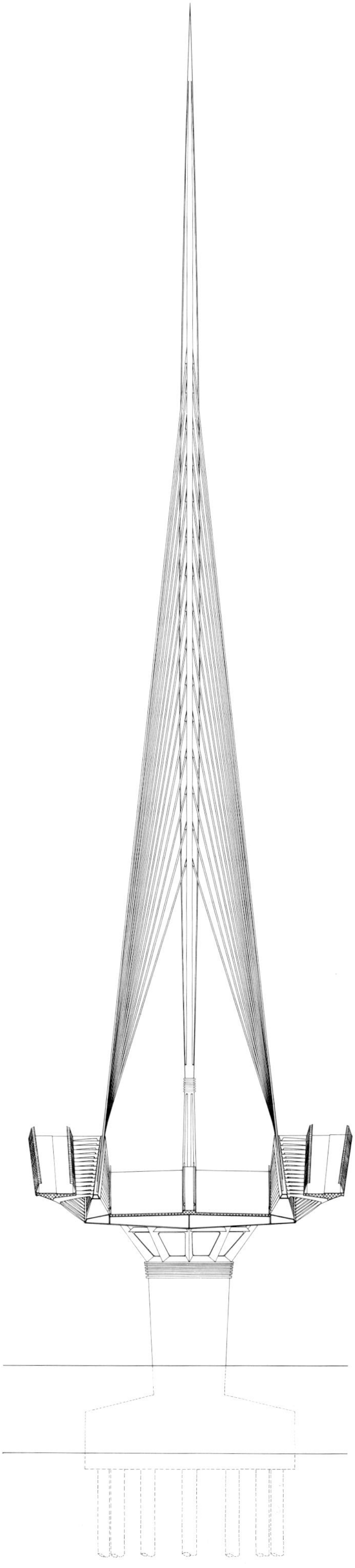
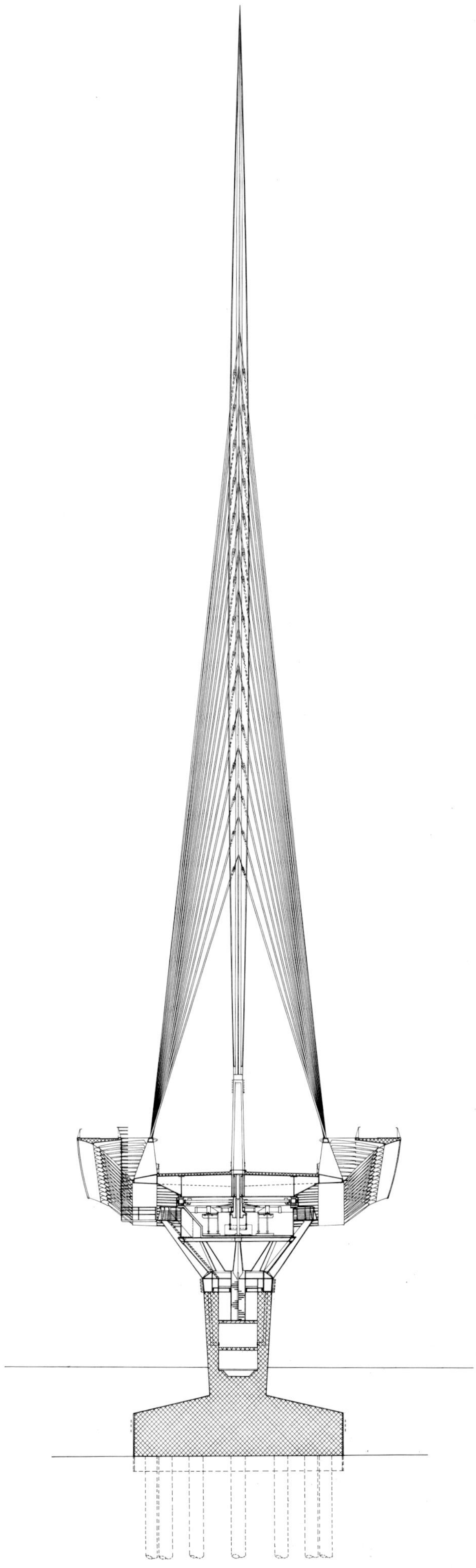

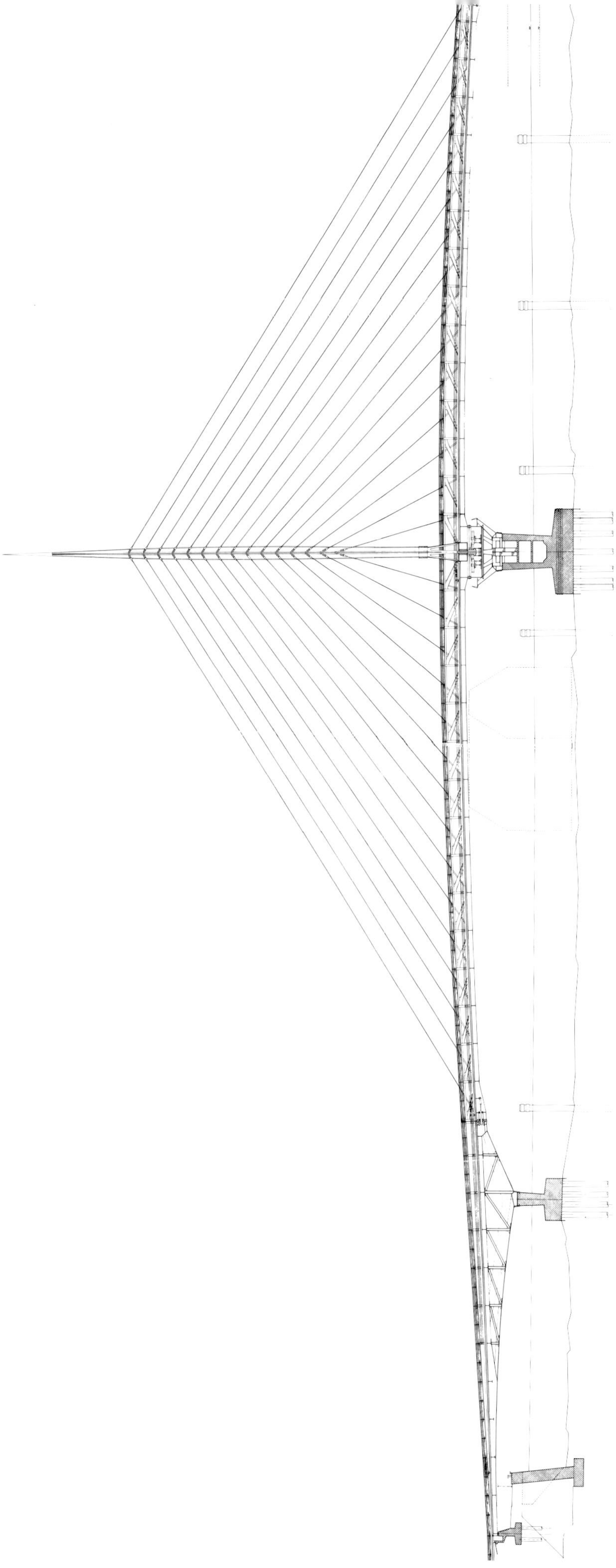

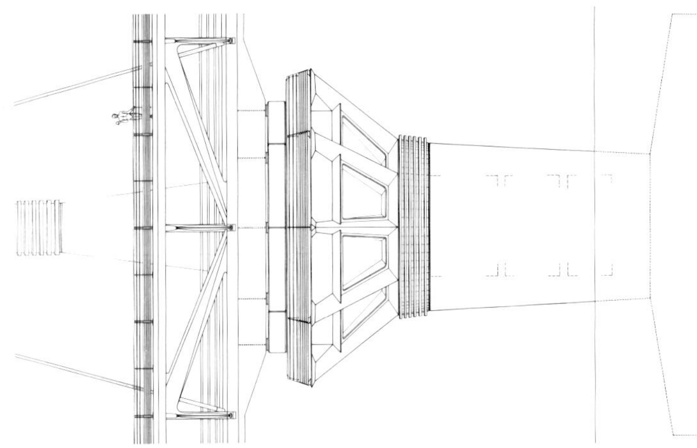

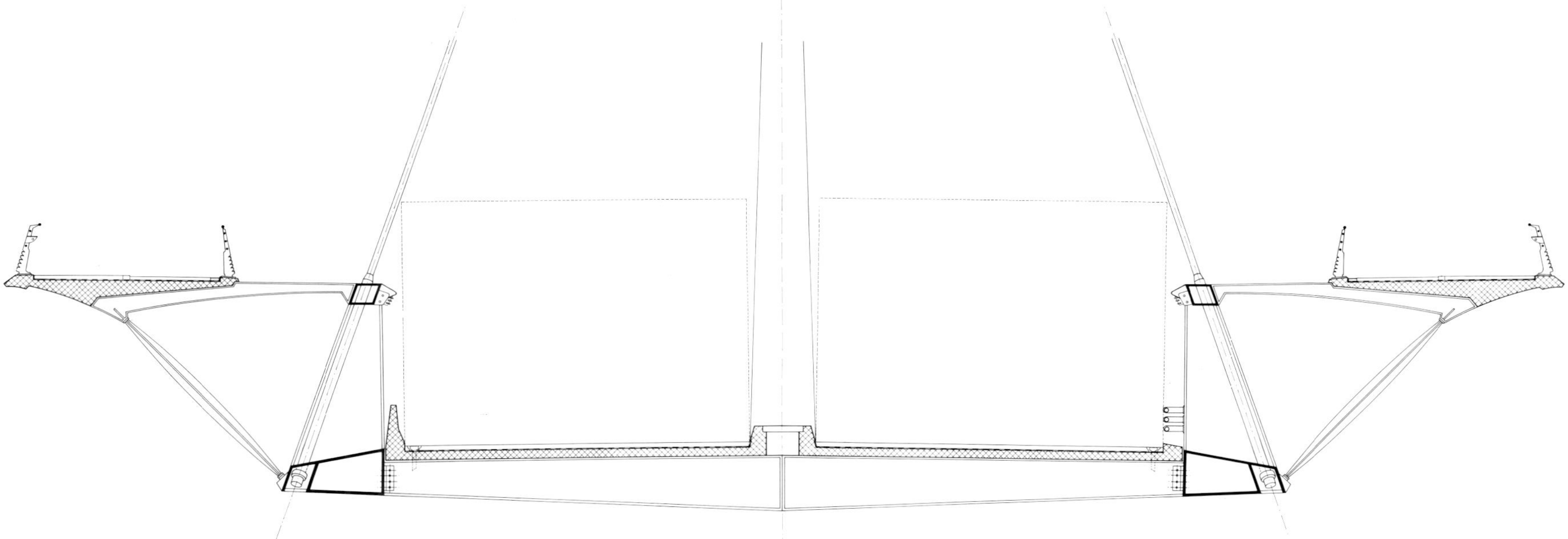

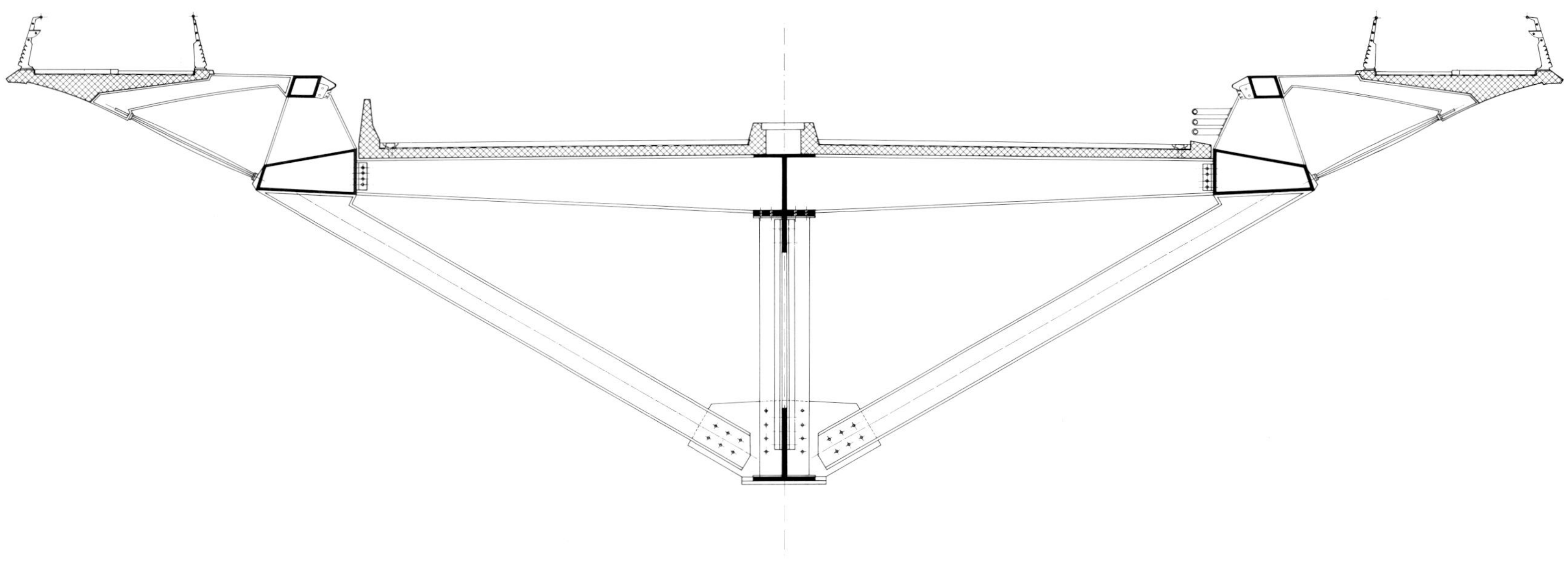

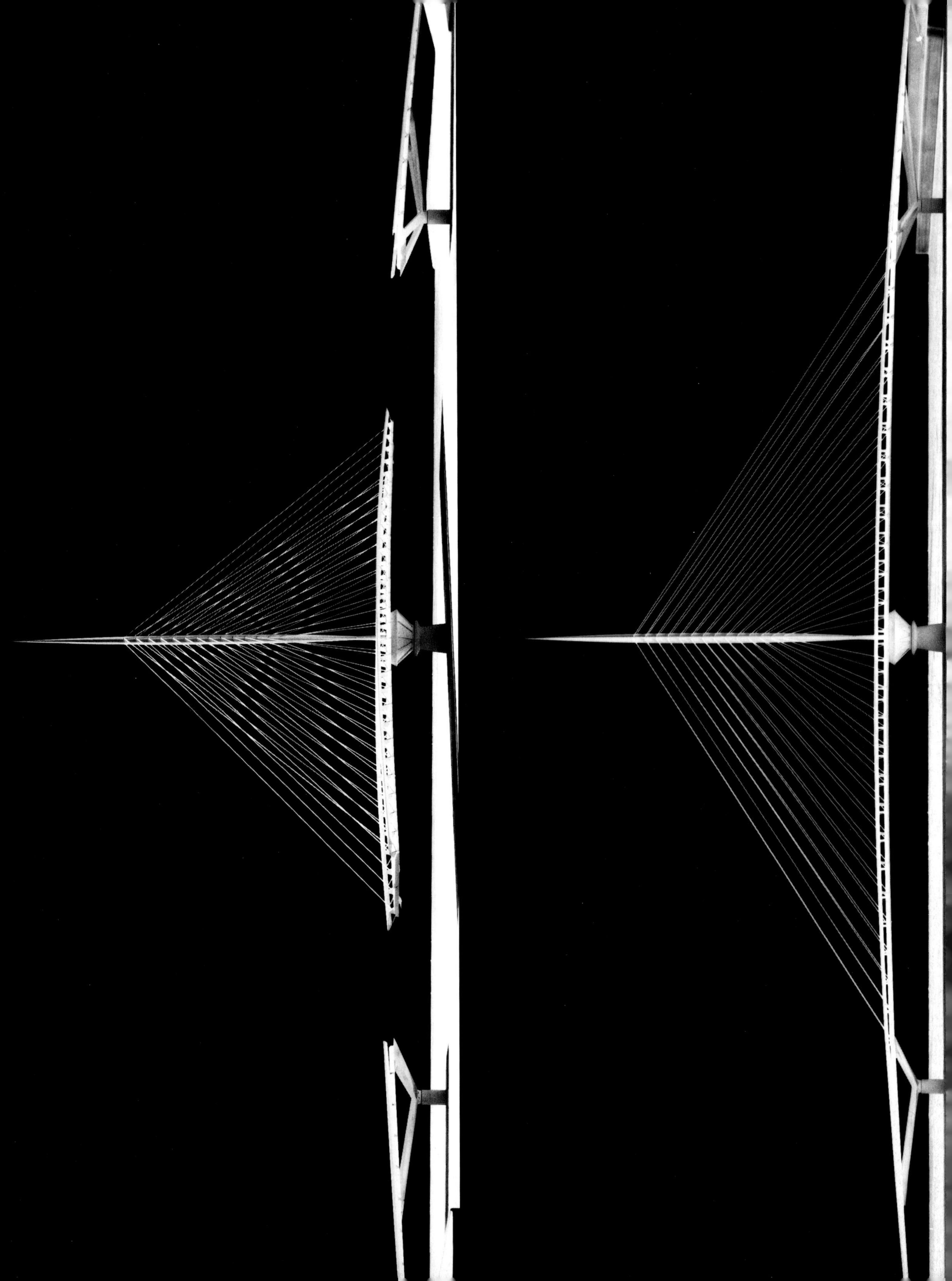

Auf die Winterolympiade 1992 in Albertville hin soll das TGV-Netz an den Flughafen von Lyon angeschlossen sein. Zusätzliche Bahngeleise sind vorgesehen für die mit hoher Geschwindigkeit durchfahrenden Züge sowie für die Regionalzüge. Die Bahnhofshalle ist rechtwinklig über den Geleisen angelegt. Die Bahnsteige selbst sind 500 Meter lang. Der Bahnhof ist durch eine gedeckte Galerie mit dem Flughafen verbunden. Das untere Niveau des Bahnhofsgebäudes besteht aus Beton, während die darüberliegenden Teile eine aluminiumverkleidete Stahlkonstruktion sind. Dieses Wettbewerbsprojekt befindet sich derzeit im Bau.

For the winter olympics in Albertville in 1992 the French TGV inter-city network is to be connected to the Airport of Lyon. Separate tracks are also to be provided for fast through trains and for regional trains. The station hall is placed over the platforms which are 500 metres in length. It is connected by a covered gallery to the airport. All subterranean structures are of concrete while the station hall is a steel structure clad in aluminium. This competition project is now under construction.

July 1989

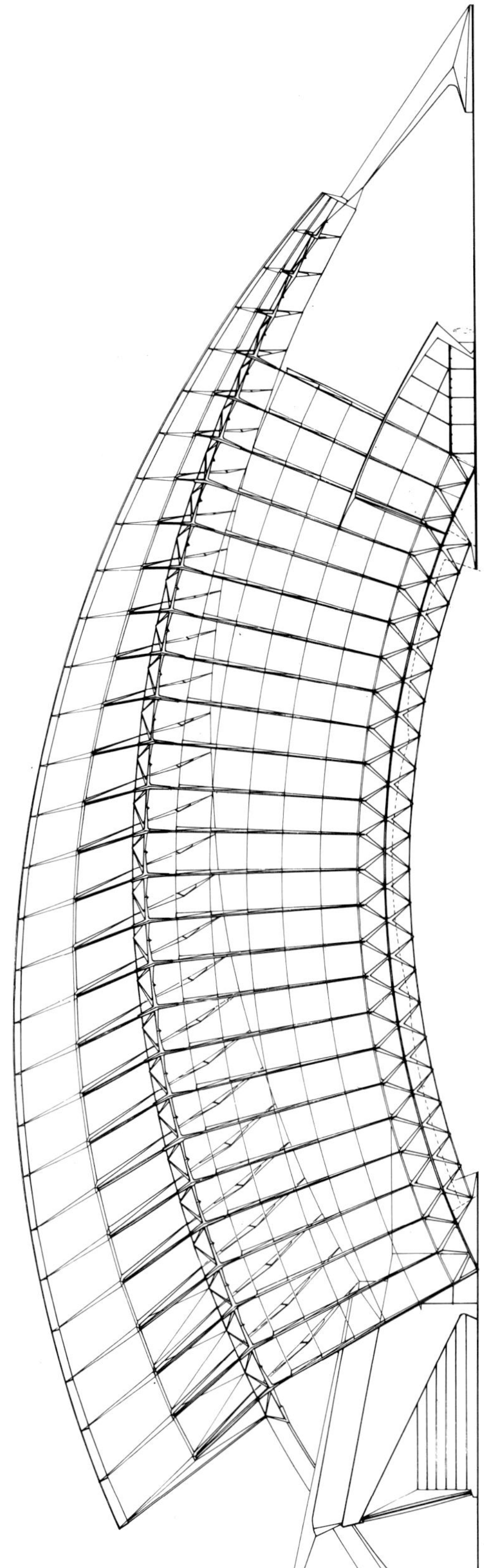
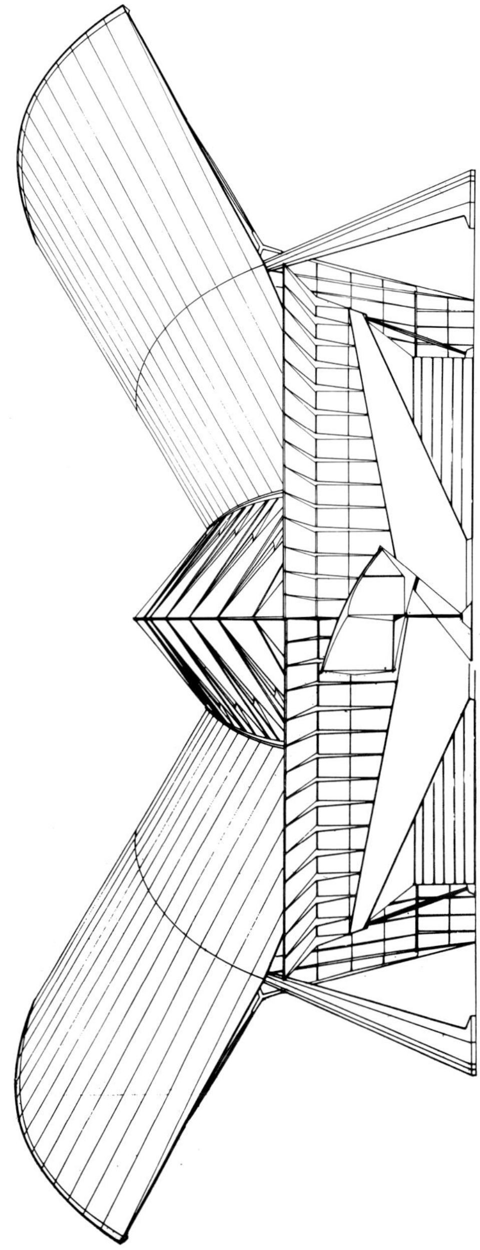

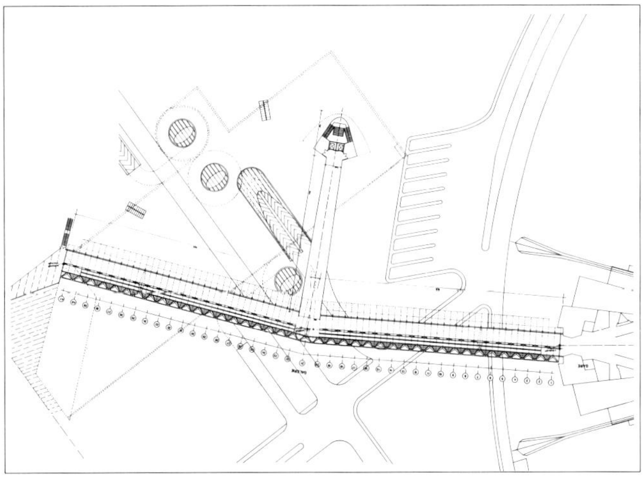

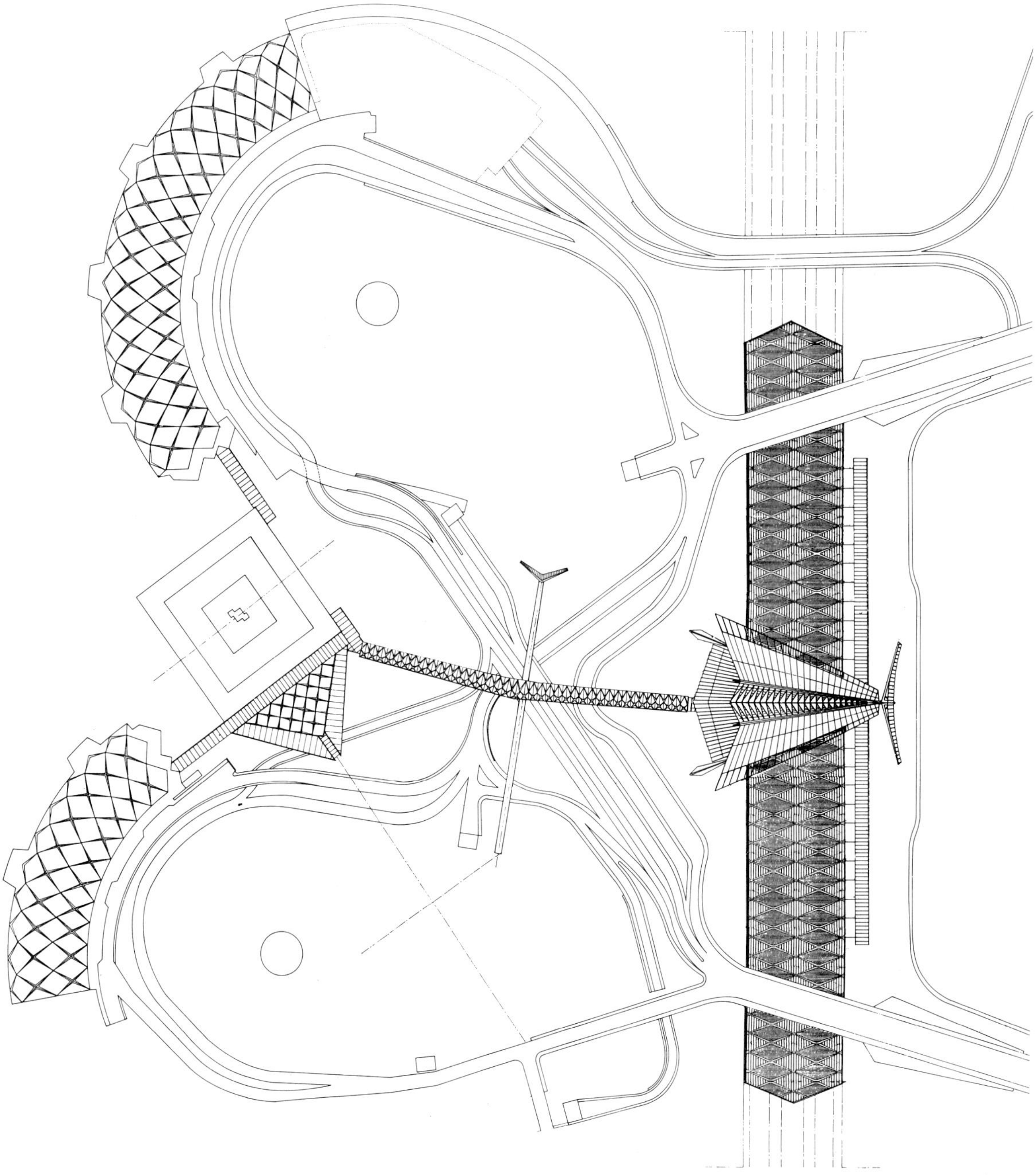

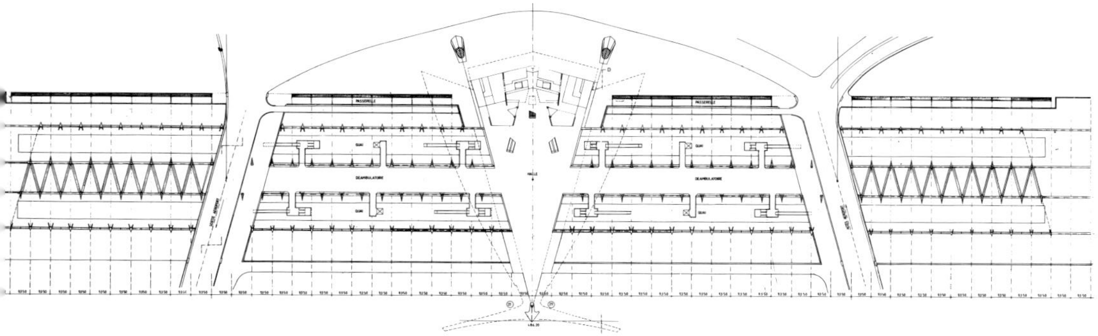

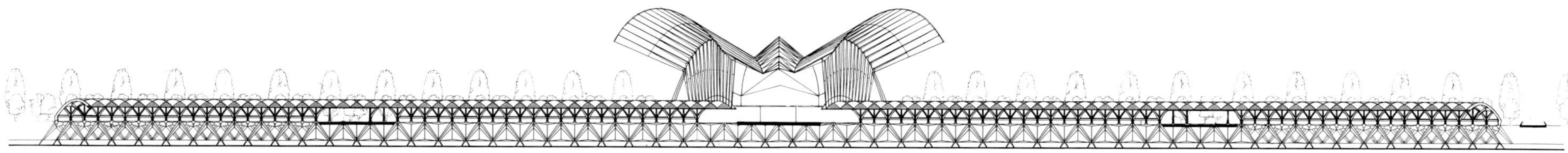

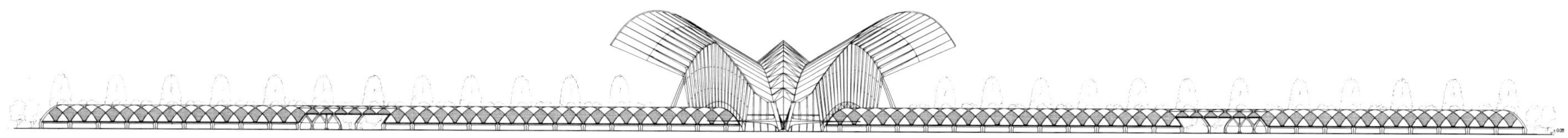

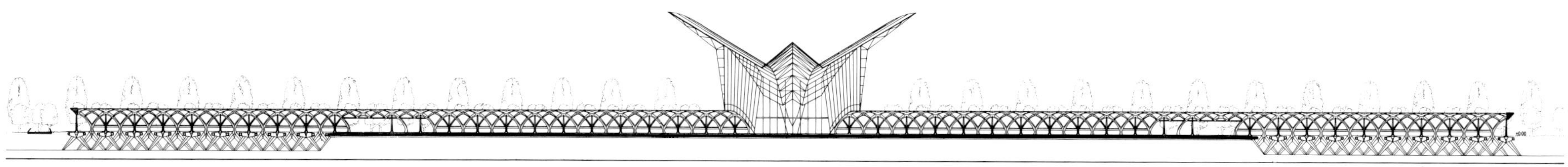

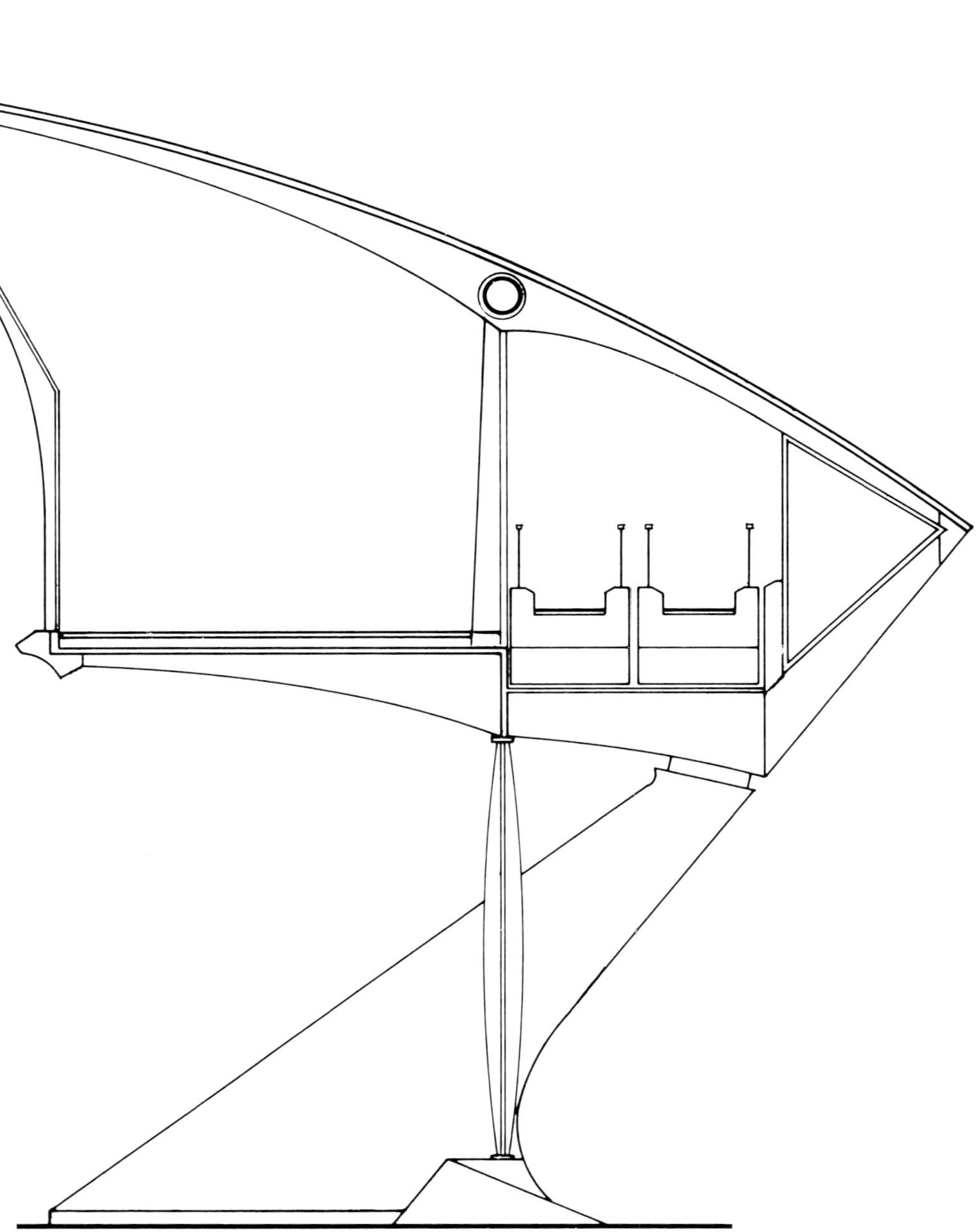

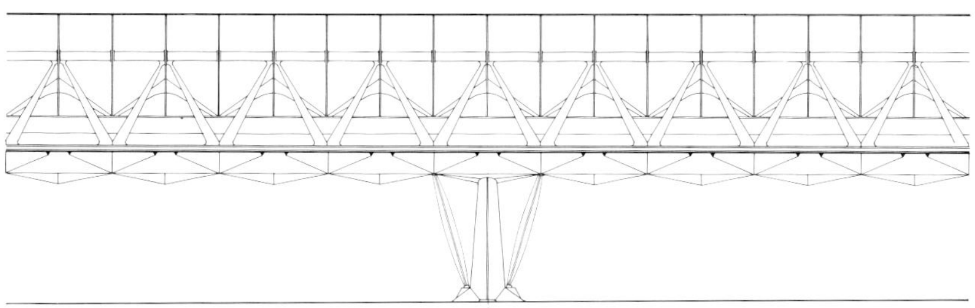

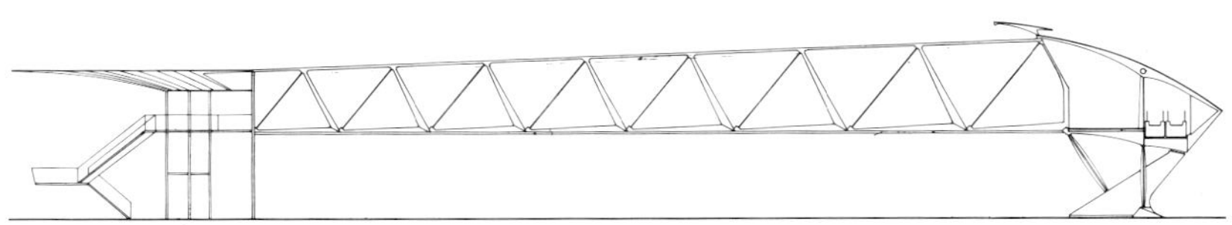

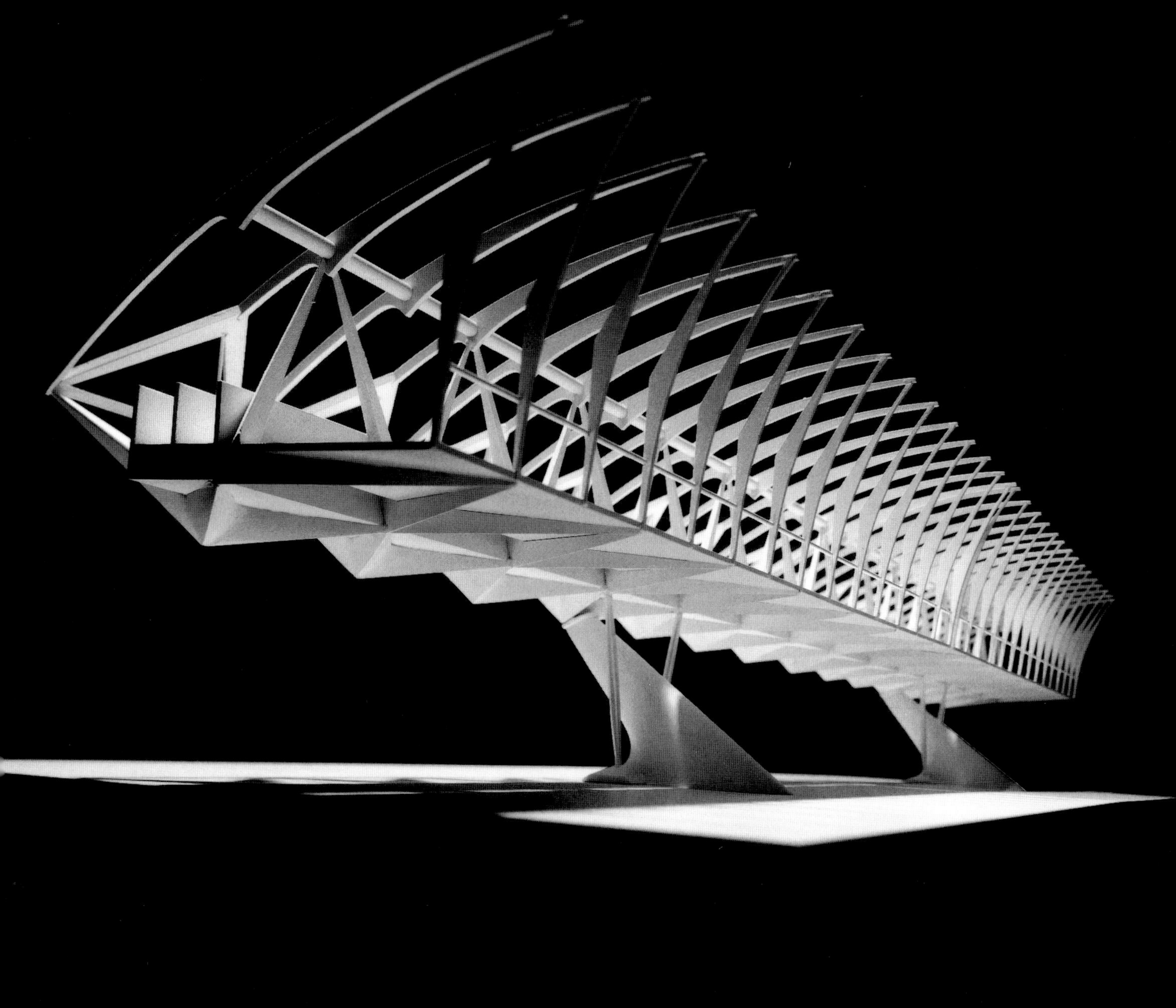

Die ursprüngliche dreibogige Kronprinzenbrücke war eine der schönsten Spreebrücken. Sie galt als der letzte Fluchtweg von Ost nach West und wurde erst zehn Jahre nach der Errichtung der Berliner Mauer zerstört. Nachdem die Behörden entschieden hatten, die alte Brücke nicht wiederaufzubauen, beschloss die Europäische Gemeinschaft, der Stadt Berlin als Zeichen der Wiedervereinigung eine neue Brücke zu schenken. Calatravas Entwurf für den eingeladenen Wettbewerb nimmt die alte Brücke in neuem Rhythmus wieder auf. Die beiden barkenförmigen Auflager, welche die stählerne Stabbogenkonstruktion tragen, wurden in Ufernähe plaziert, um der modernen Schiffahrt Raum zu lassen. Die auskragenden Fusswege liegen etwas höher als die Fahrbahn. Brücke im Bau.

The original triple-arched Kronprinzen Bridge was one of the finest bridge structures to span the river Spree. It was the last bridge to be demolished as a potential escape route after the erection of the Berlin Wall. To symbolically celebrate reunion, the European Community decided to donate a new bridge to the city of Berlin, after the authorities had decided not to rebuild the old structure. Calatrava's project for the invited competition takes its cue from the original Spree bridge, employing a different rhythm. Two barge-like piers, placed close to either bank to meet present day shipping requirements, support the arched steel frame structure. The raised pedestrian decks are cantilevered off the main structure. Under construction.

August 1991

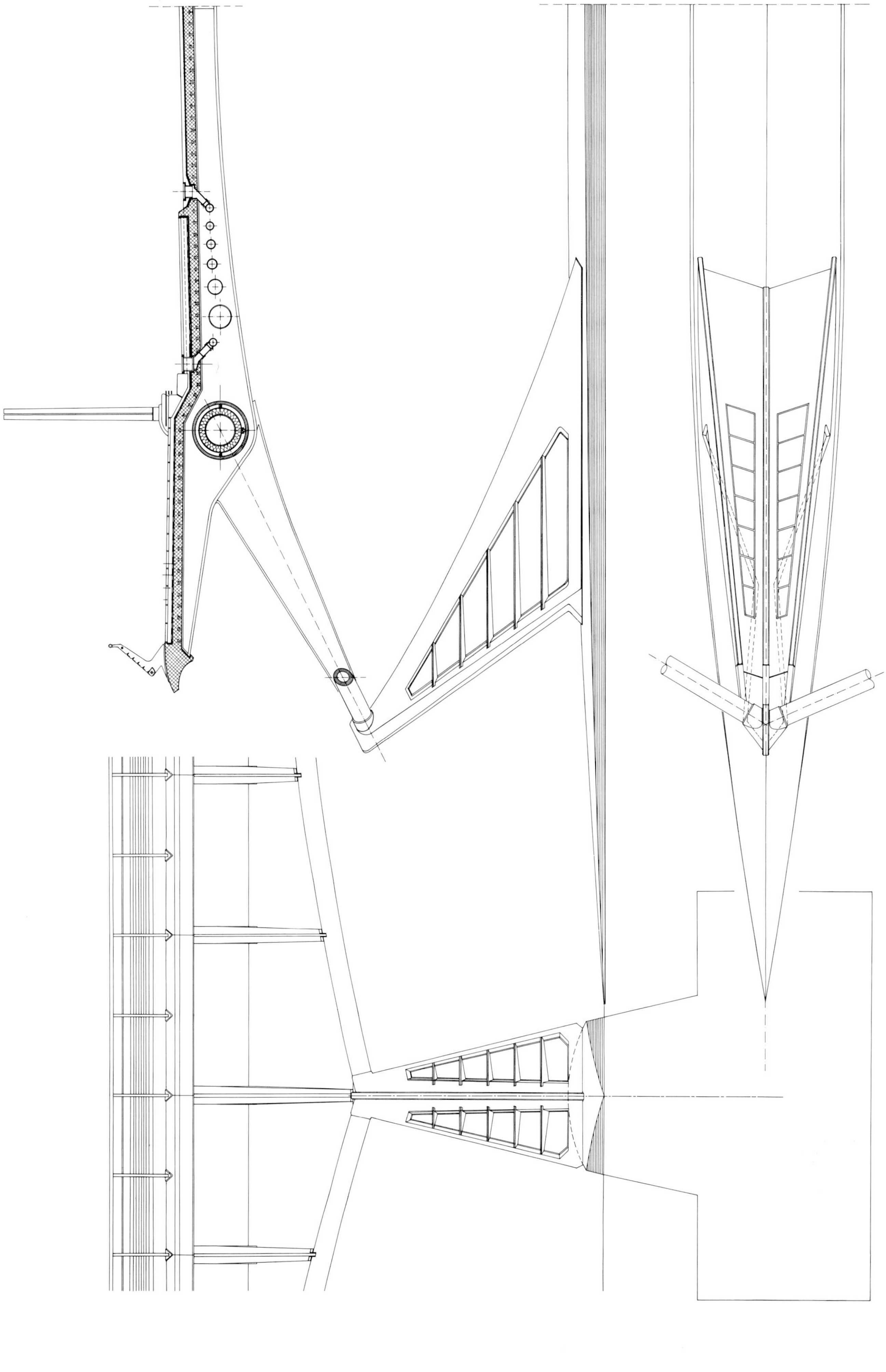

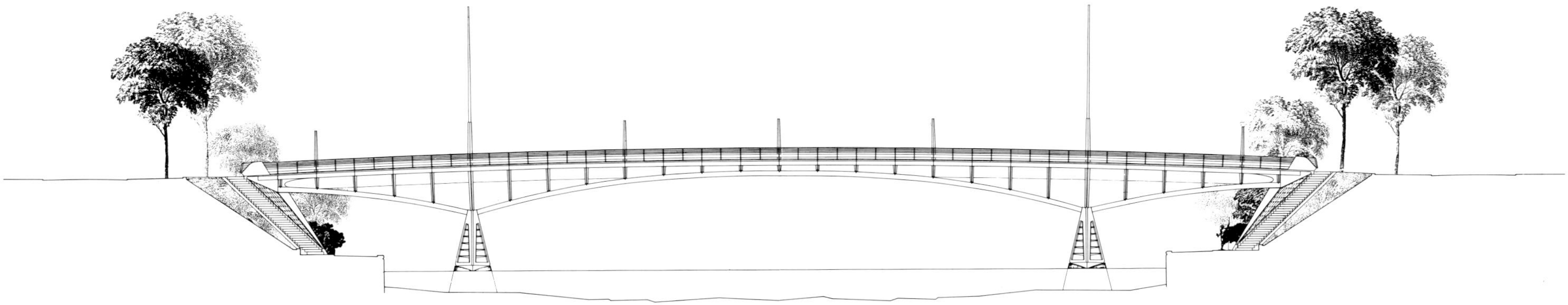

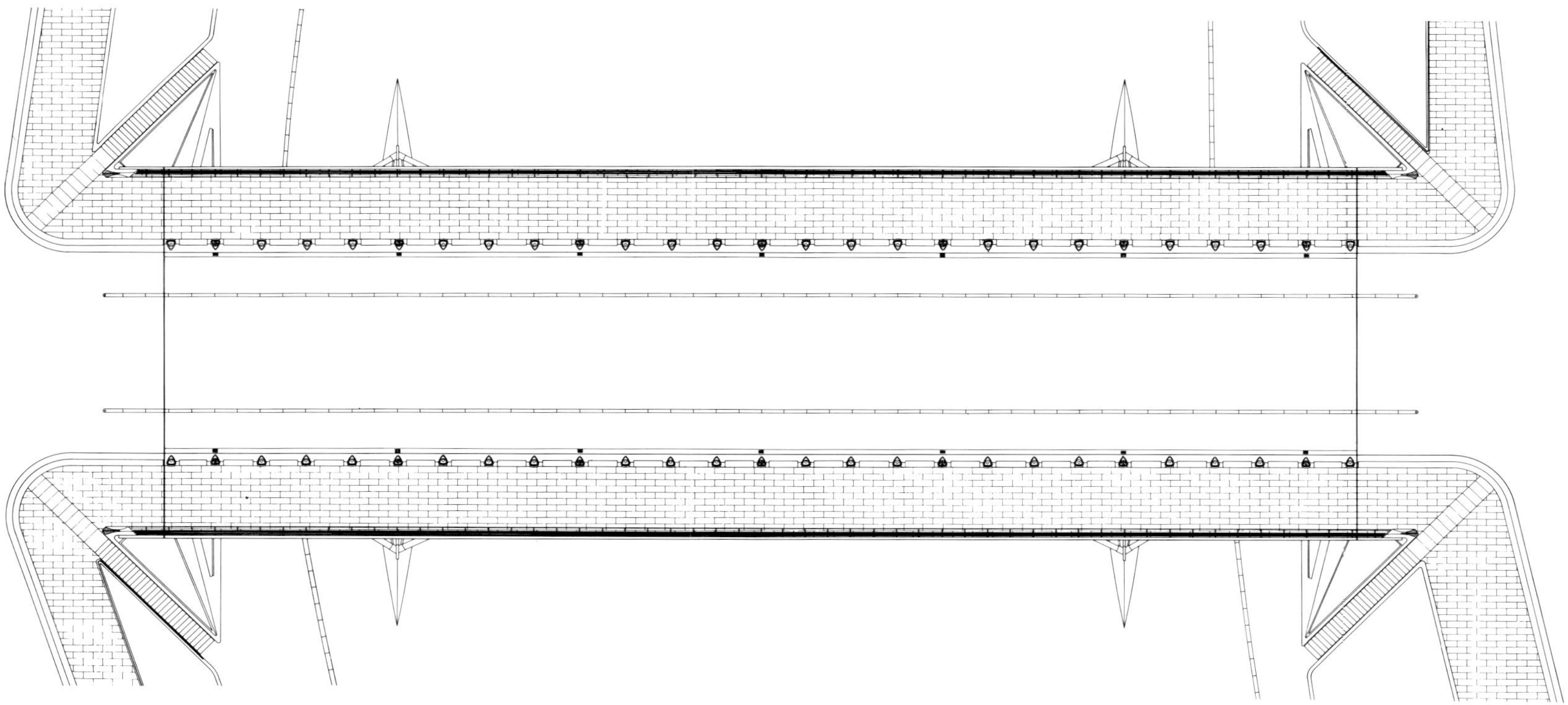

Kronprinzenbrücke, Berlin Kronprinzen Bridge, Berlin

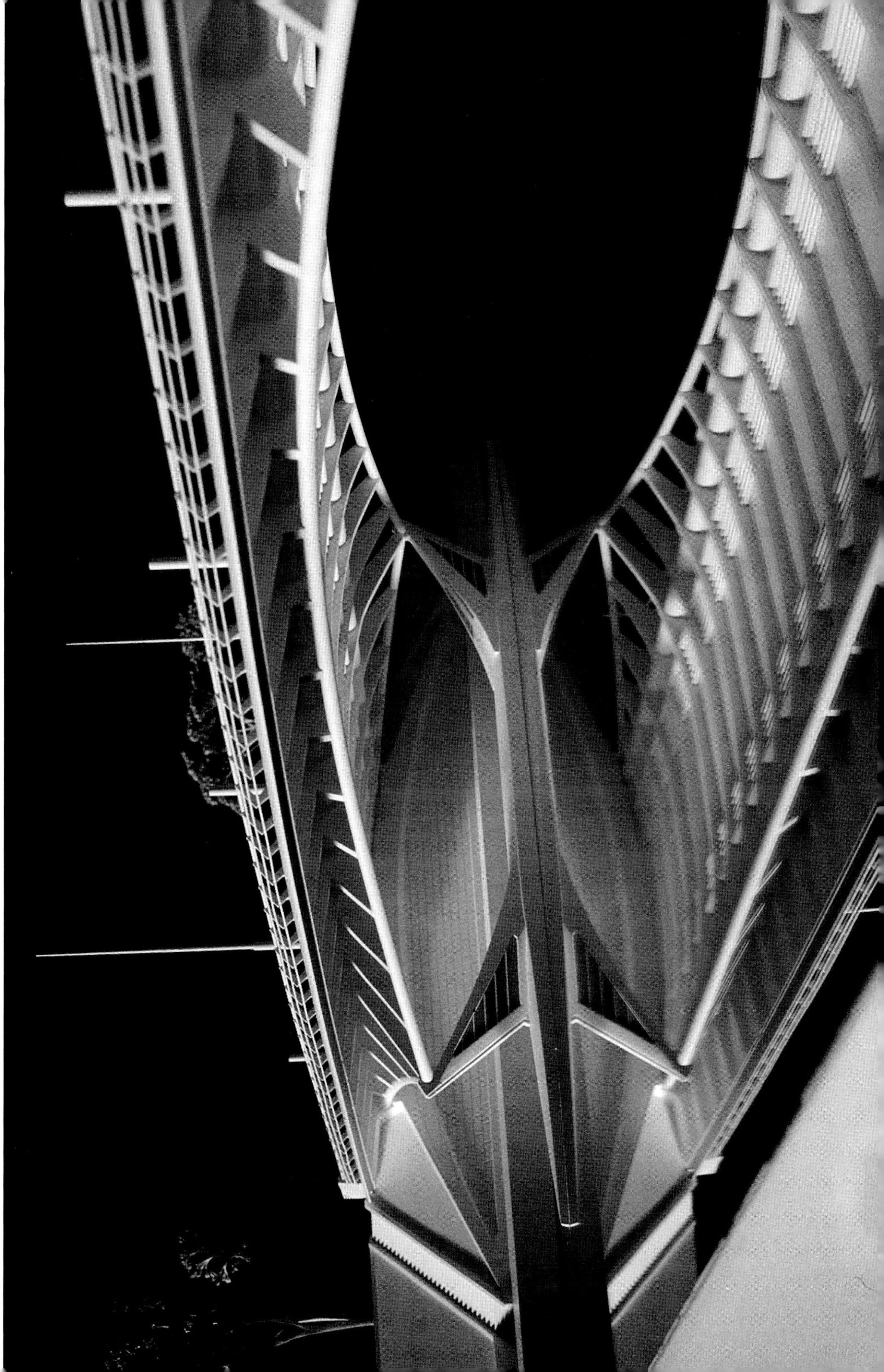

Das durchtrennte alte Stadtgefüge soll durch den Mauerpark, der den alten Jahn-Sportpark mit Stadion im ehemaligen Ostberlin sowie den Mauerstreifen umfasst, wieder verbunden werden. Der alte Strassenraster wird im Park mit Alleen, Arkaden und Pergolen aufgenommen und neu artikuliert. Der Park soll den Bewohnern der angrenzenden Stadtteile Wedding und Prenzlauer Berg als Naherholungsgebiet und Sportplatz dienen, gleichzeitig aber auch als Zentrum für professionellen Sport genutzt werden. Die für Olympische Spiele bestimmten Sporthallen für Boxen und Judo sind als freistehende, separate Einheiten konzipiert. Wettbewerbsbeitrag.

The disparate urban structures and relics are contextually ordered and re-defined by the new Mauerpark which comprises the existing Jahn Sports Complex with stadium in former East Berlin and the terrain of the now demolished wall. Present and previous street axes and vistas are partly integrated into the scheme and articulated through arcades, promenades and pergolas. An aspect of the park is to offer local sport facilities to the nearby districts of Wedding and Prenzlauer Berg, while also being a centre for professional sport. The two sporthalls of olympic dimensions (boxing and judo) to be added are defined as free-standing separate entities. Competition entry.

June 1992

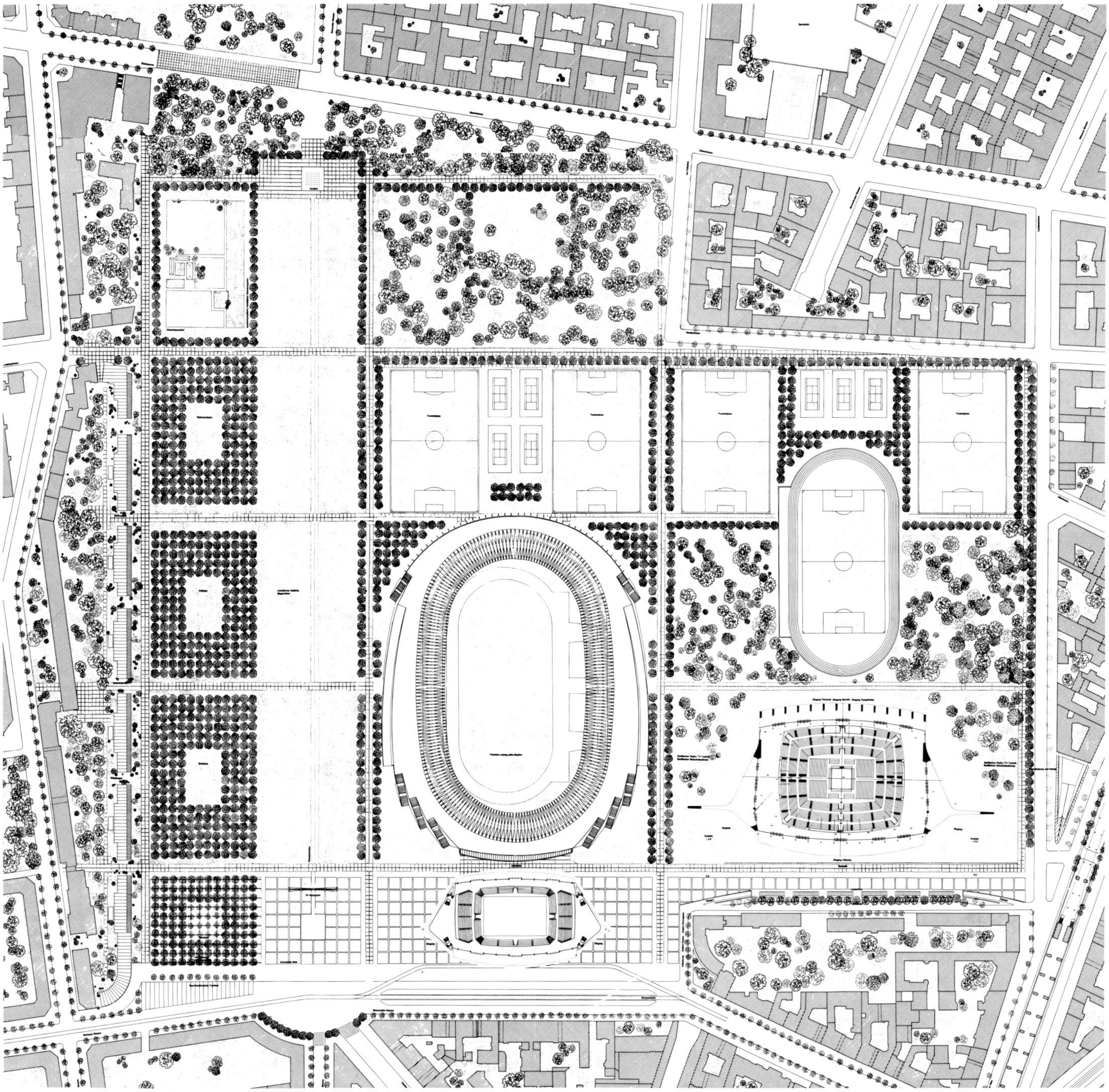

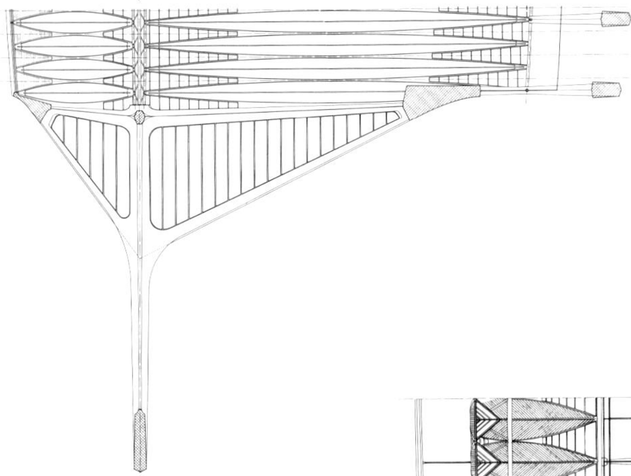

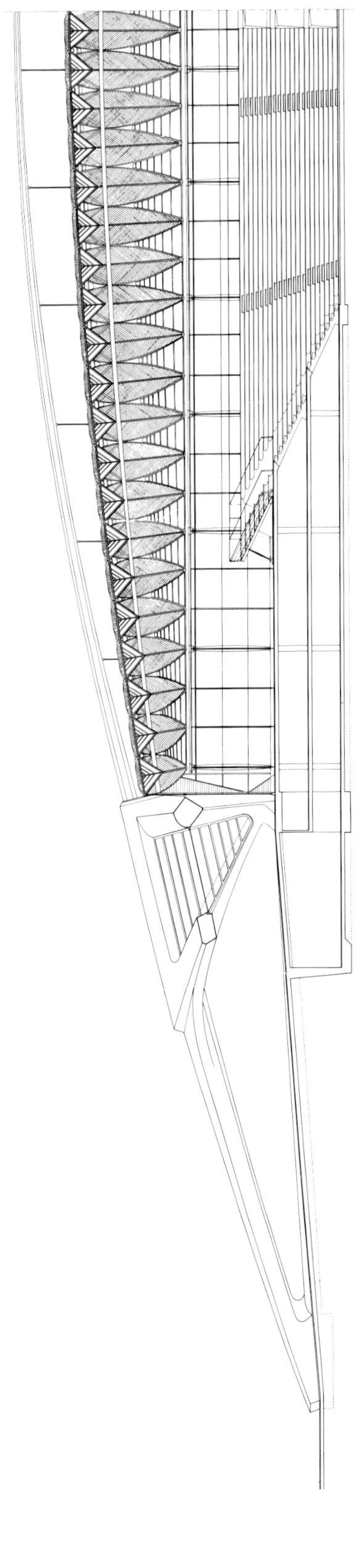

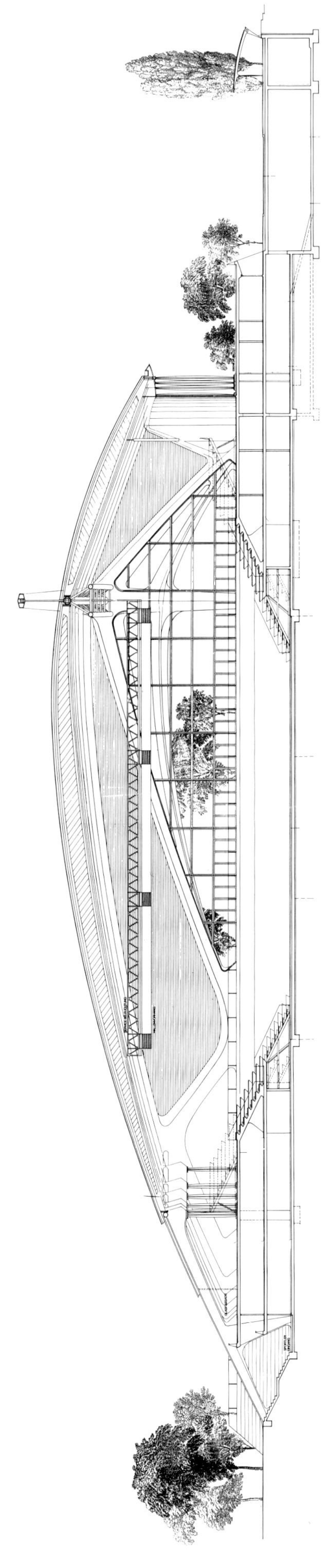

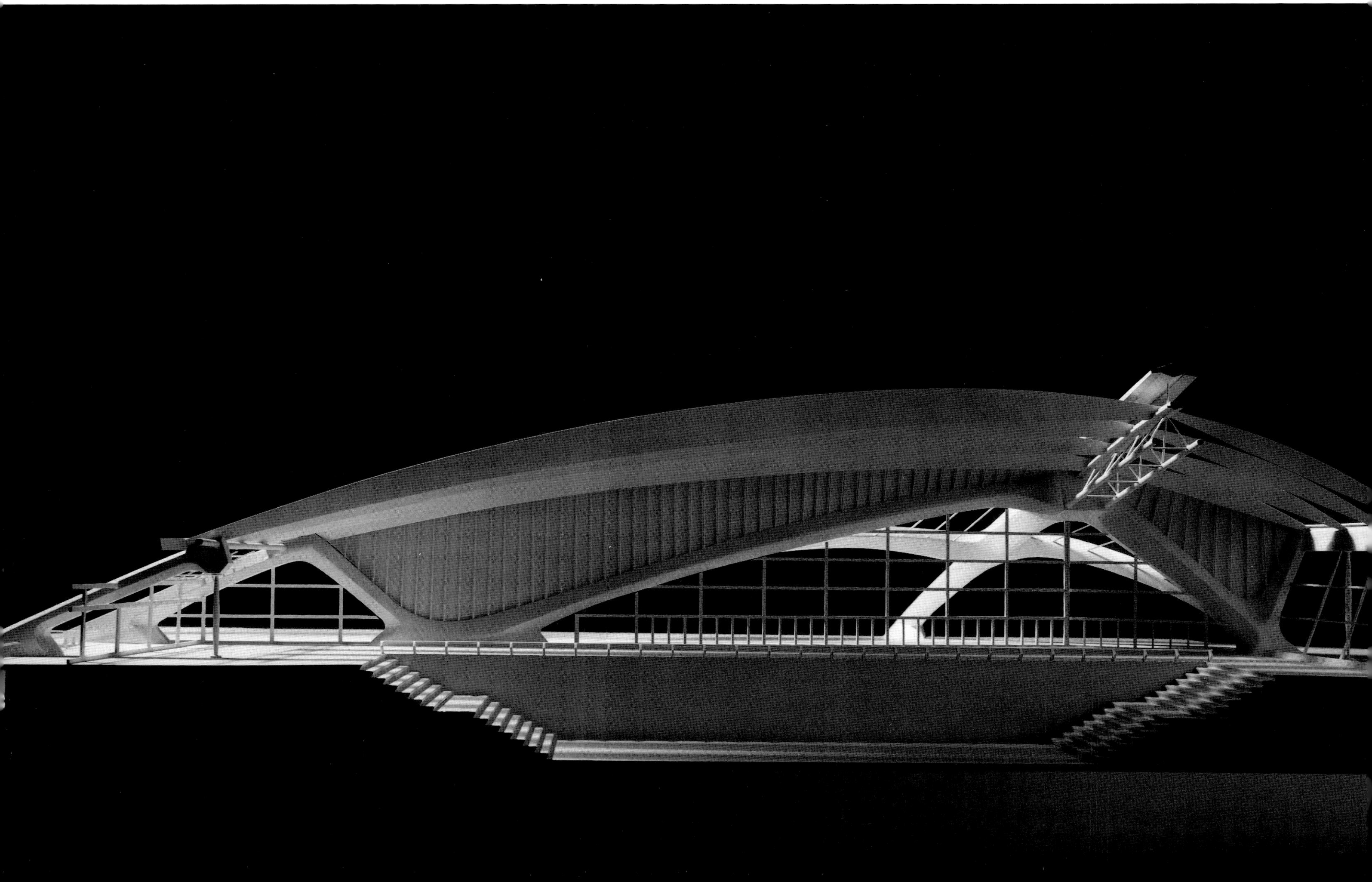

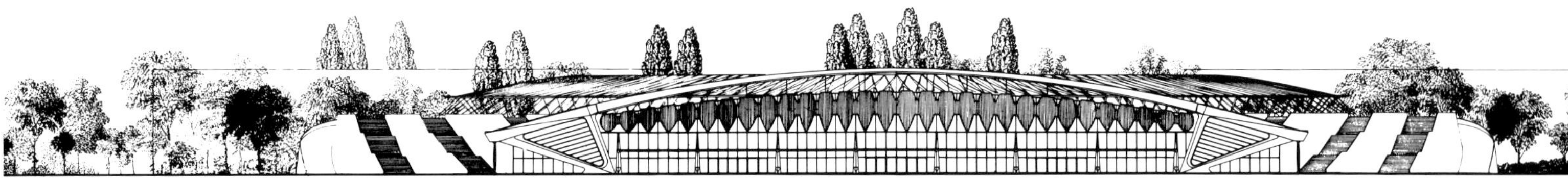
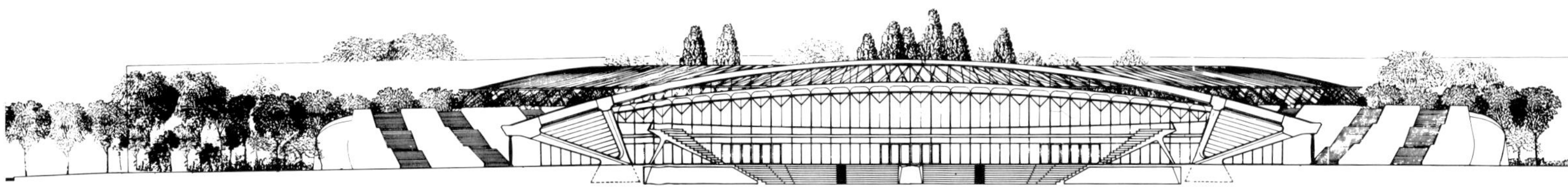
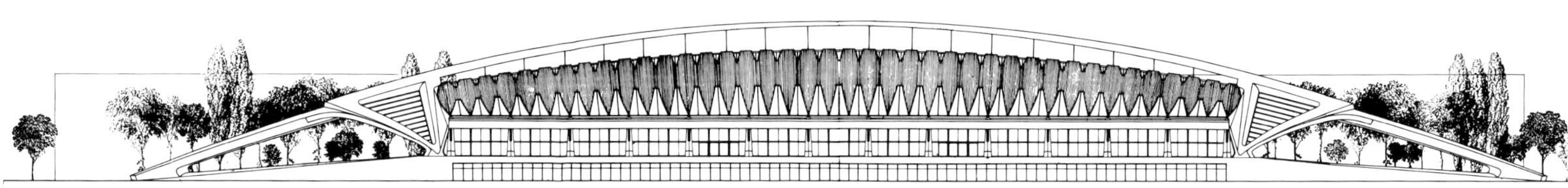
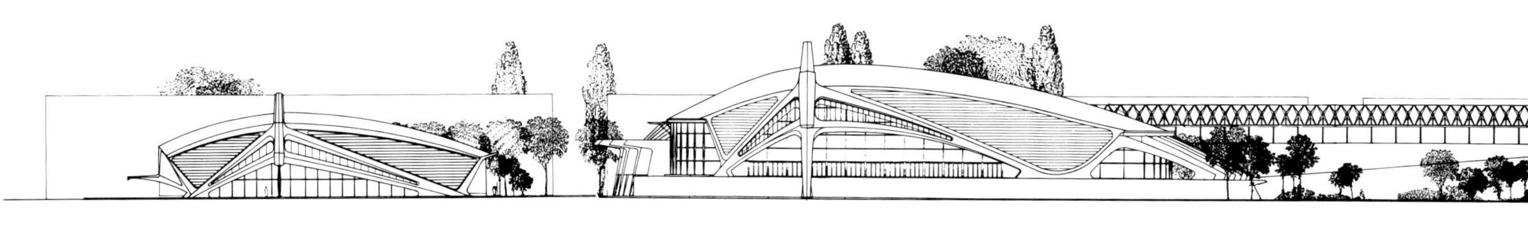

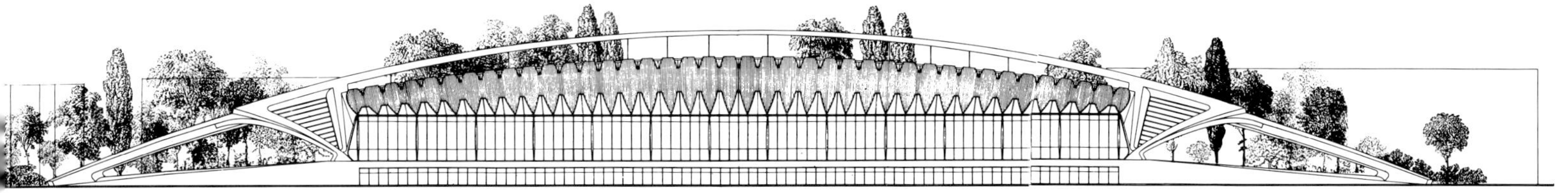

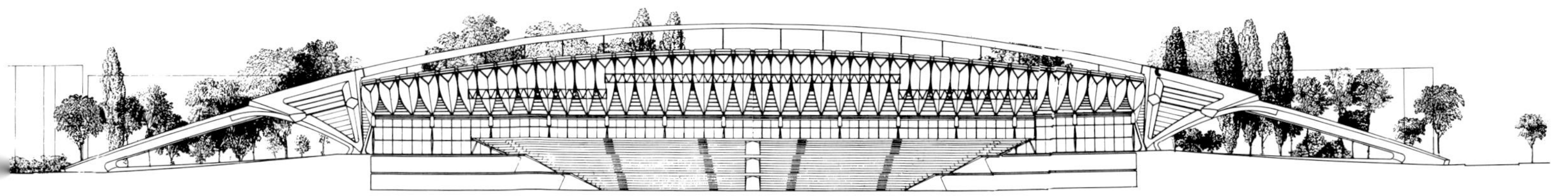

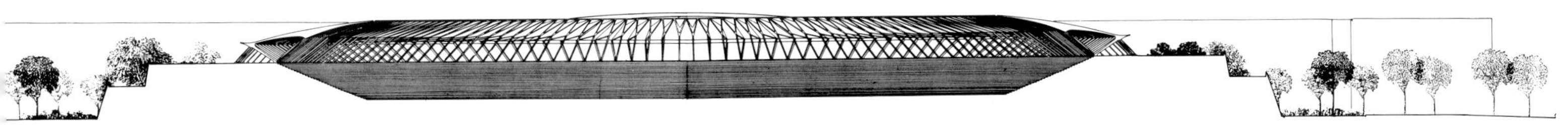

Der neue Bahnhof soll die im Bereich Münsinger Park durch die Bahnlinie getrennten Stadtteile Spandauer Altstadt und Wilhelmstadt wieder miteinander verbinden. Der Hochgeschwindigkeitsbahnhof ist deshalb als Brückenkonstruktion konzipiert, welche den neuen Bahnhofplatz überdeckt, der einen klar definierten urbanen Raum innerhalb des Parks bildet. Der Münsinger Park wird unter den Geleisen hindurchgeführt, während die an Baumwipfel erinnernden Dachelemente des Bahnhofs das Parkmotiv aufnehmen und dadurch die Transparenz dieser Lösung verstärken. Der Bahnhof ist als städtebauliches Element in einer klar definierten Grünzone inszeniert. Der Platz als das eigentliche Zentrum des Geschehens verbindet die Einkaufspassagen in den beiden Geschäftshäusern, die sich über die Bahngeleise wölben. Erster Preis in einem eingeladenen Wettbewerb. Überarbeitete Fassung.

The present railway tracks divide Münsinger Park situated between Spandauer Altstadt and Wilhelmstadt. The design alleviates this situation by elevating the new highspeed railway station on a bridge structure spanning over what will become Spandau Station Square. Münsinger Park is rolled under the tracks, while the station roof takes up the tree motive, visually underlining the transparency of the solution. The station appears as a well articulated element in a clearly defined green area. The centre of activity is the square connecting the two new shopping malls of the business blocks, which, in turn, span the train tracks. First prize in an invited competition. Second phase.

August 1992

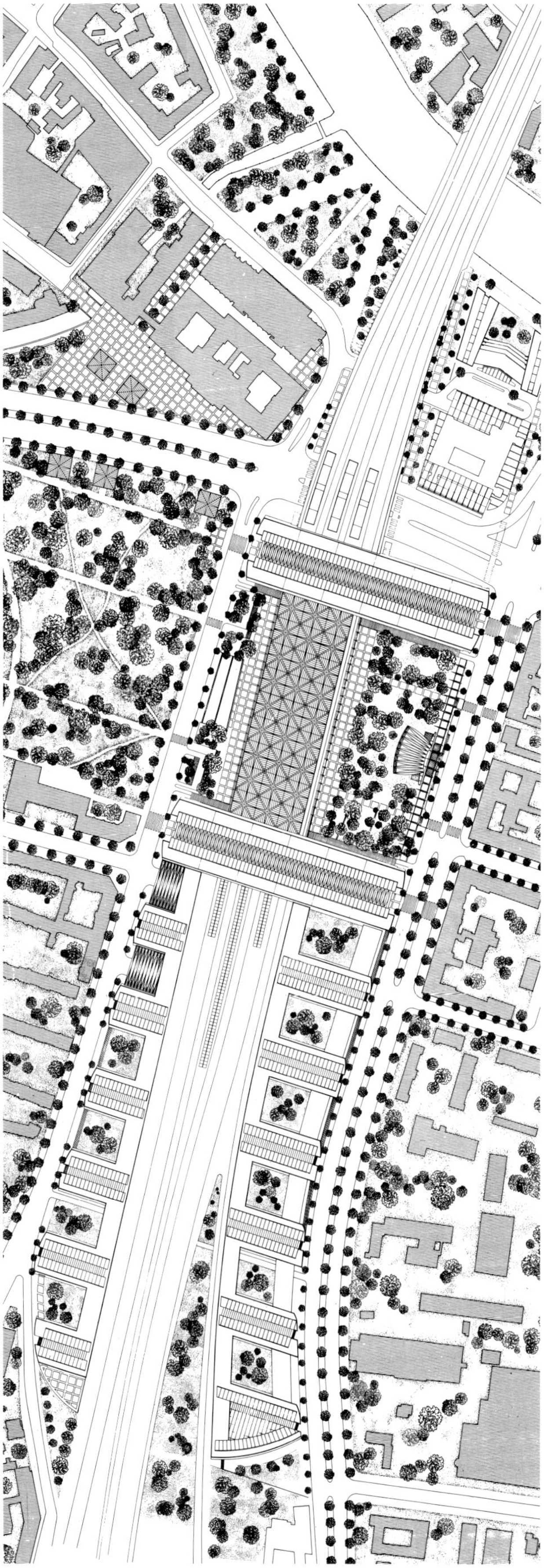

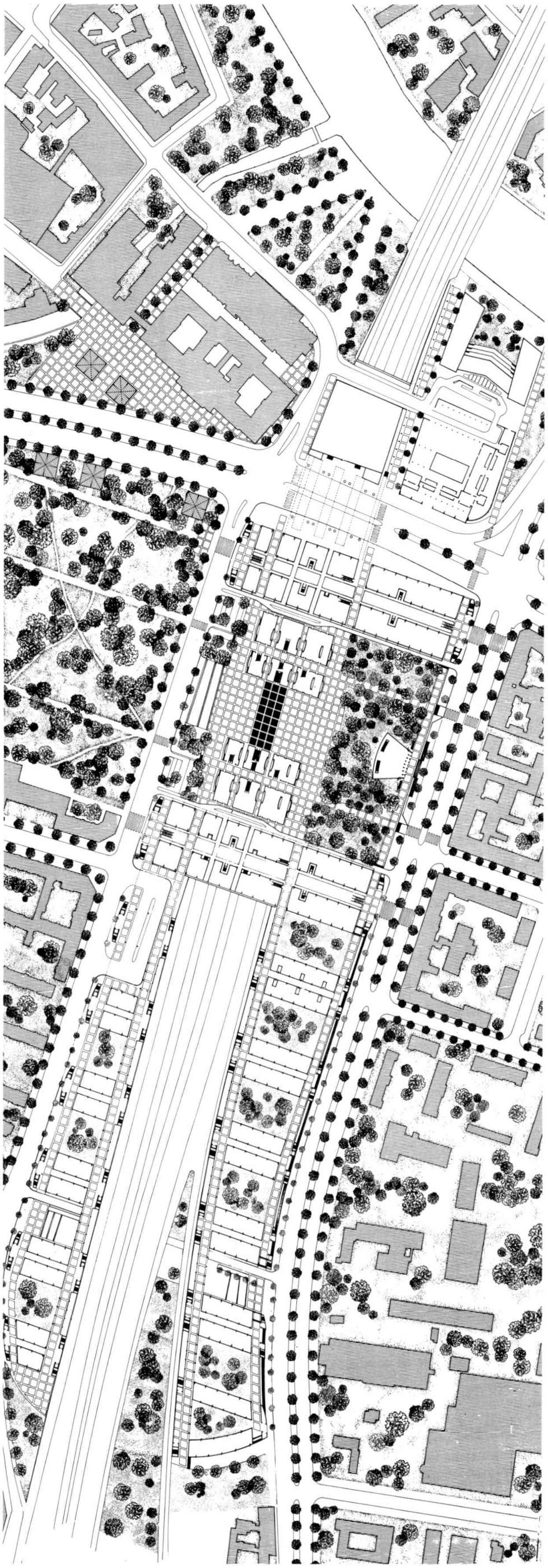

Fernbahnhof Spandau, Berlin

Spandau Railway Station, Berlin

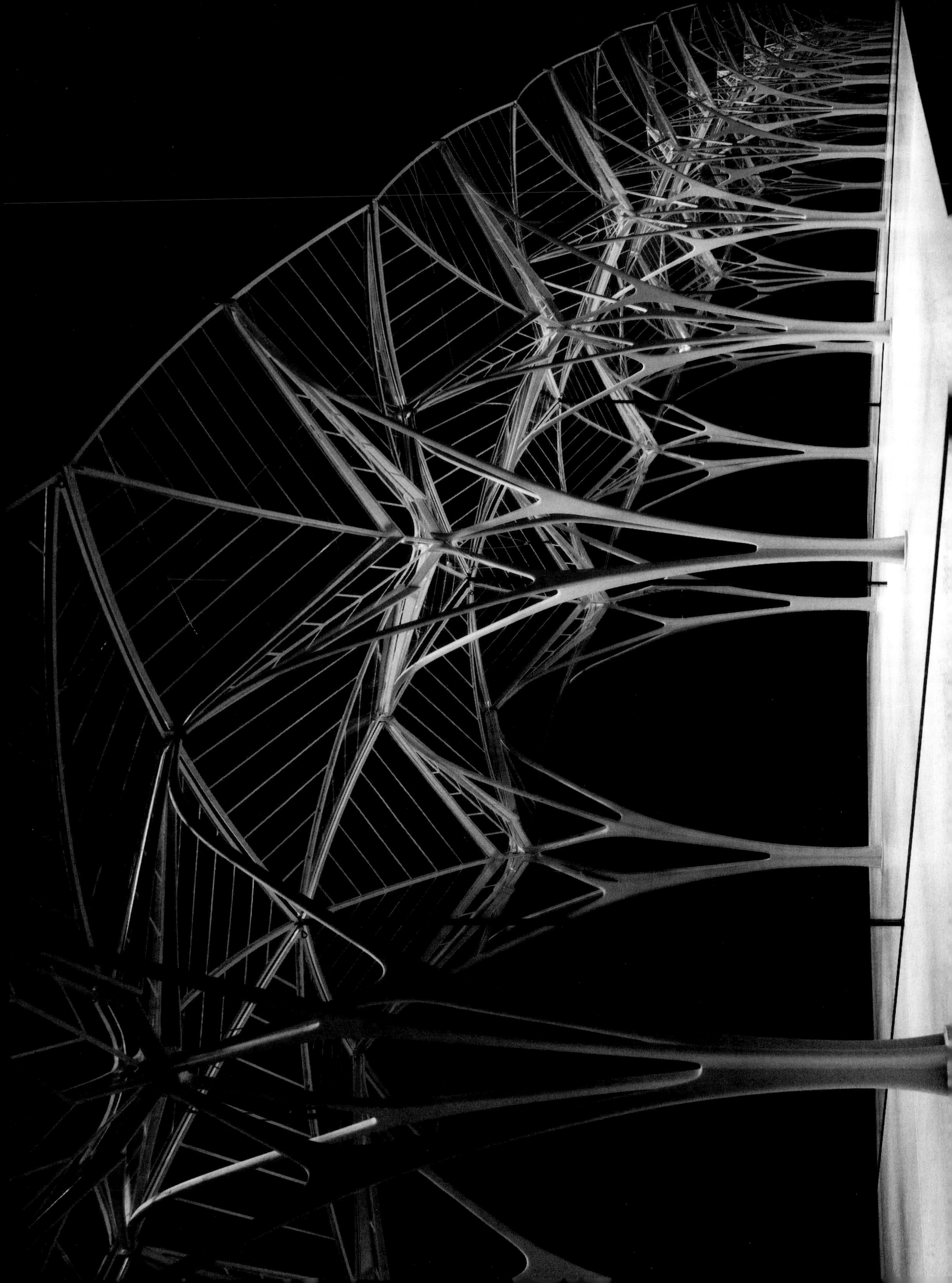

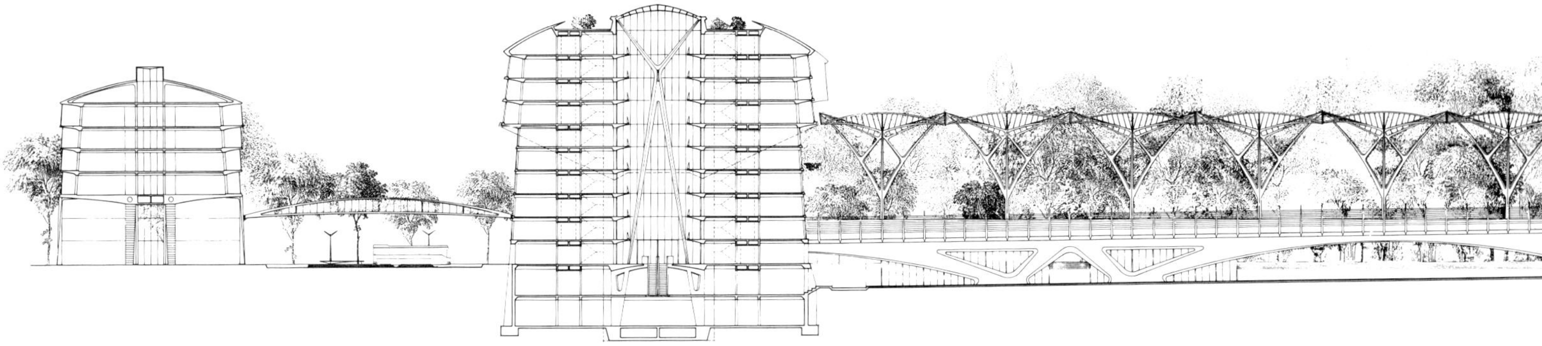

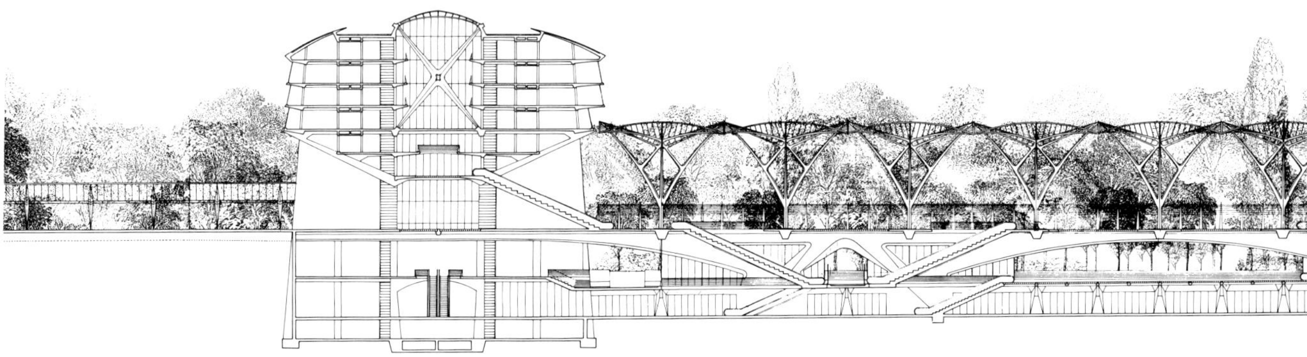

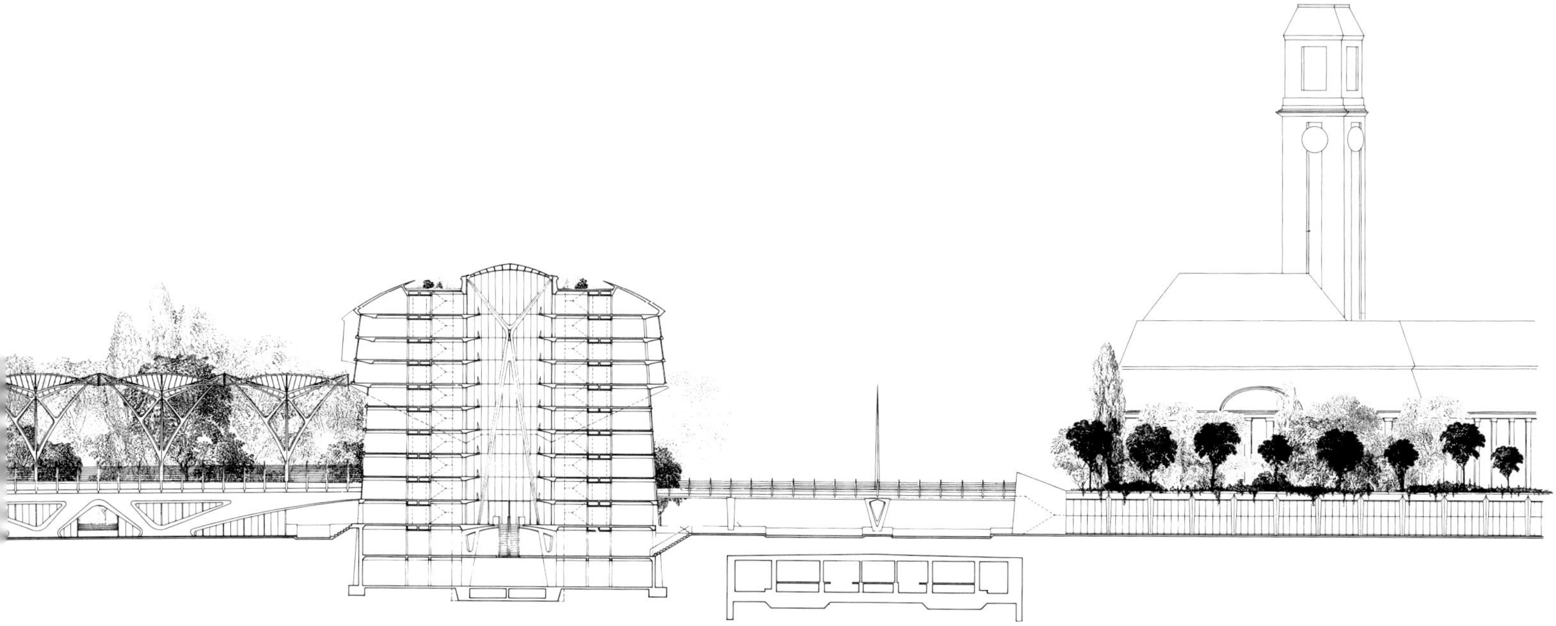

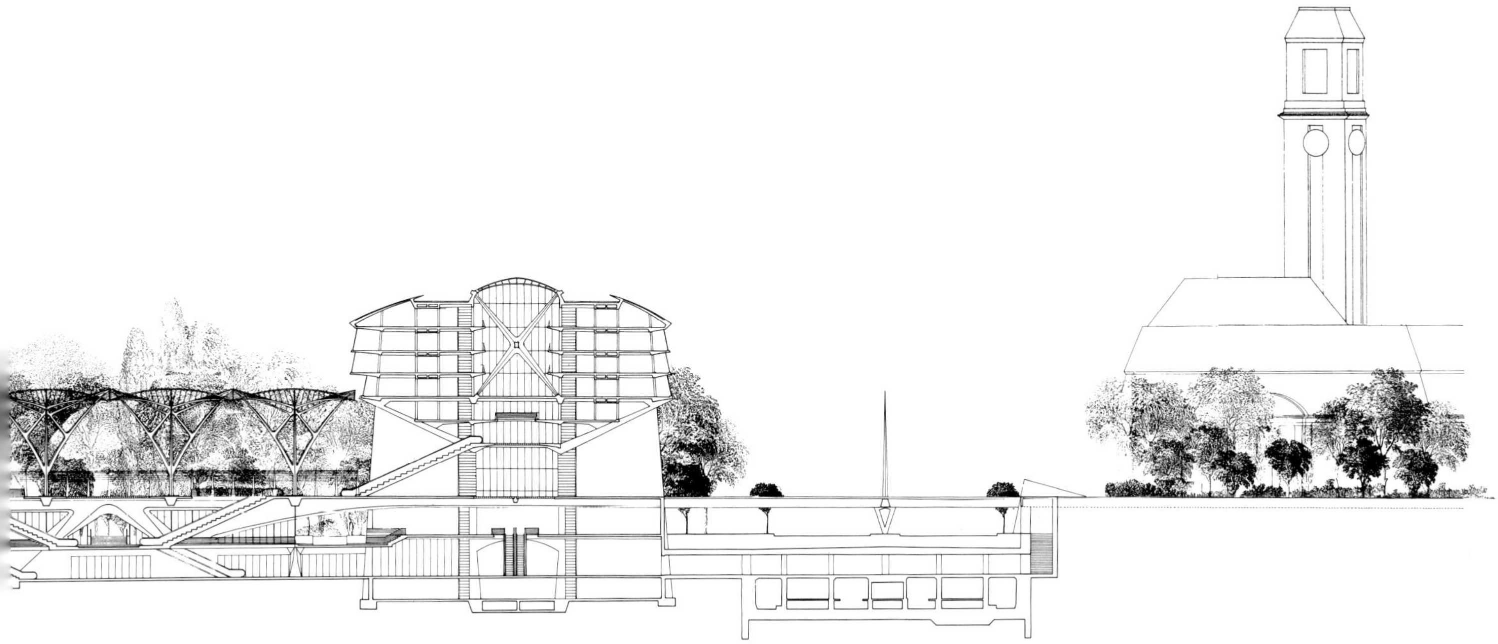

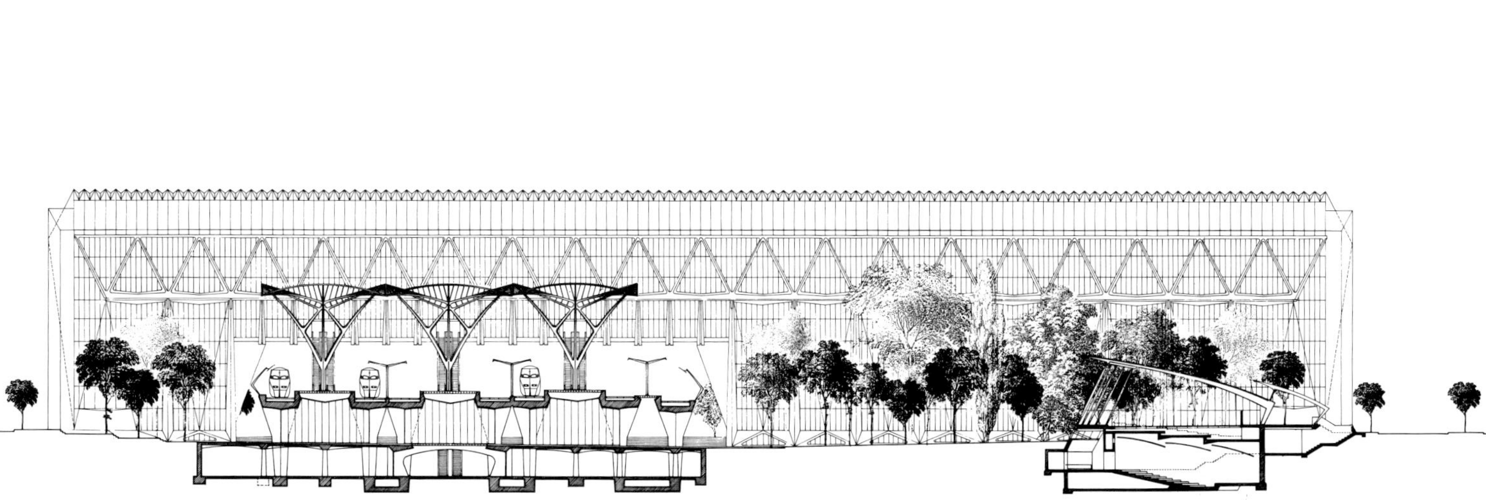

Santiago Calatrava und die klassische Tradition

Hansgeorg Bankel

Schon wiederholt sind Santiago Calatravas Schöpfungen mit Recht in eine Reihe mit den Werken kreativer Architekten und erfinderischer Bauingenieure der jüngeren Baugeschichte – mit Félix Candela, Pier Luigi Nervi, Robert Maillart, Antoni Gaudí und Eugène Freysinnet – gestellt worden, doch älter als Eugène Viollet-le-Duc war keiner der Genannten.

Nun fällt auf, daß auch Kenner der klassischen griechischen Kunst auf Calatravas Werke mit Begeisterung reagieren, sich erinnert fühlen an die Formensprache der Antike. Sie entdecken bei Calatrava Eigenschaften, die sie aus der antiken Architektur und Skulptur kennen. Woran liegt das? Gibt es da Verwandtschaften?

Um diesem Phänomen nachzugehen, möchte ich hier exemplarisch ein Grundelement aus Calatravas Formenkanon herausgreifen und es mit einem ebenso elementaren Motiv der antiken Baukunst vergleichen. Sehen wir uns eine griechische dorische Säule an (1) und stellen sie neben Calatravas Stehlampe Montjuic! (2) Man könnte genausogut Calatravas Stahlstütze am Bahnhof Stadelhofen in Zürich nehmen, das spielt hier keine wesentliche Rolle. In beiden Fällen ist die stützende Hand das Leitmotiv.

Bleiben wir bei der Lampe. Die organische Form der Stütze, auf der die weiße Schale aufliegt, zeigt den Kräfteverlauf: Ein breiter, sich spreizender Fuß, aus dem sich der Schaft entwickelt, ein spannungsvoll gekrümmter, schlanker Körper, der sich oben wieder verbreitert und verzweigt. Dann eine deutliche Zäsur an der Stelle, wo der Schaft aufhört zu tragen: die leichte, weiße, in sich stabile Schale balanciert gleich

1/2

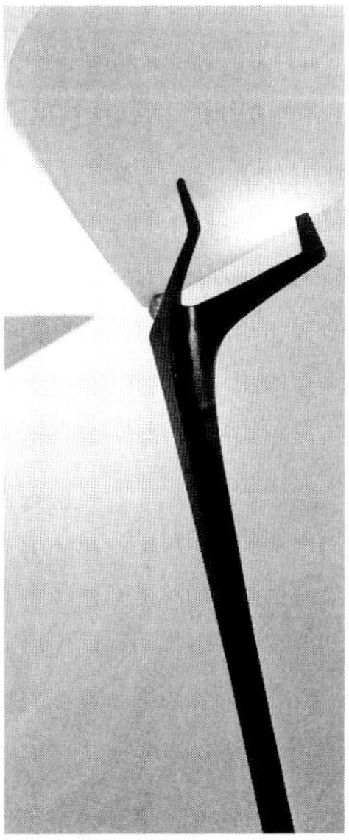

sam auf den beiden schwarzen Fingern des Schaftes; mit dem «Handballen» ist sie nur mittels eines Dübels durch die rote, durchbohrte Glaskugel befestigt. Bemerkenswert ist die tektonische Qualität dieser Verbindung. Die Schale nimmt auf einer Seite die schräge Richtung des Schaftes auf. Schaft und Schale verschmelzen so zu einer harmonischen und zugleich spannungsreichen Form. Durch das Wechselspiel zwischen Tragen und Lasten, zwischen Gleichgewicht und dynamischer Spannung gelingen Calatrava Schöpfungen, die überzeugen.

Was hat Calatravas Stehlampe mit einer griechischen dorischen Säule aus dem 5. Jahrhundert v. Chr. zu tun? Auch eine Säule stützt, auch sie drückt aus, daß sie Last zu tragen hat. Ihr Schaft verjüngt sich nicht nur, er hat auch eine feine Entasis, eine Schwellung. Die Entasis, aber auch die Kanneluren, die den Schaft strukturieren, verleihen dem stereometrischen Körper des Säulenschafts Spannung. Die griechische Säule wurde so zur Skulptur. Der «gespannte Muskel» ist die Metapher, die gern für diese plastische Eigenschaft griechischer Architektur gebraucht wird.

Auch hier sind die tektonischen Übergänge zwischen Schaft und Kapitell zu beachten (3): drei Kerben markieren die jüngste Stelle des Schafts, darüber – dort, wo Schaft und Kapitell ineinander übergehen – halten drei Ringe den durch die Kanneluren gleichsam zersplitterten Schaft zusammen. Auch der ausladende Kapitellkörper, dessen Aufgabe es ist, das Auflager für das schwere Gebälk zu verbreitern, ist nicht als Kegelstumpf ausgebildet – eine Form, die diese Funktion zweifellos ebensogut erfüllen würde –, sondern als ein sich emporstemmender und sich erst im oberen Drittel einziehender Rundkörper. Sein kraftvolles Profil trägt dazu bei, die Kräfte aus dem Gewicht des Gebälks am Säulenhals zu bündeln, umzuleiten. Die Harmonie von Gegensätzen, von Tragen und Lasten, Bewegung und Gegenbewegung, Spannung und Entspannung charakterisiert die dorische Säule.

Damit sind wir wieder bei Santiago Calatravas Stützen. Ich glaube nicht, daß Calatrava auch nur einen Moment lang an eine dorische Säule gedacht hat, als er die Stehlampe entwarf. Und dennoch finden wir hier dieselbe Harmonie der Gegensätze, die wir in der griechischen Architektur aufgespürt haben, gepaart mit klarer Gliederung, die mehr als Technisches widerspiegelt: *Tektonik*. Damit ist ursprünglich die Kunst des richtigen Aneinanderfügens gemeint, die keine verschwommenen Übergänge duldet und die Ablesbarkeit der Konstruktion fördert. Calatrava beherrscht auch diese Kunst.

Für den Architekturhistoriker gibt es aber noch mehr bei Calatrava zu entdecken. Da ist einerseits die Form seiner mit profilierten Tropfnasen ausgebildeten, tatsächlich ihren Dienst erfüllenden Gesimse, die an vielen seiner Brücken (an Stelle von Rinnen oder anderen

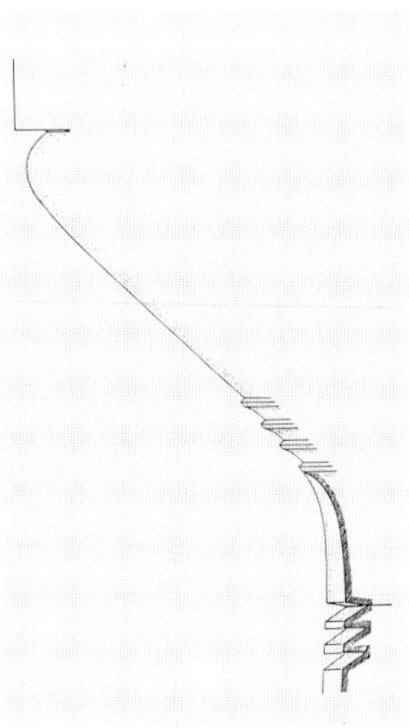

3

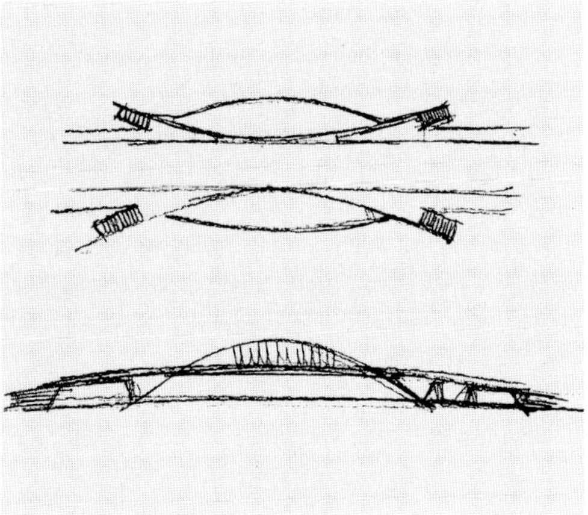

4

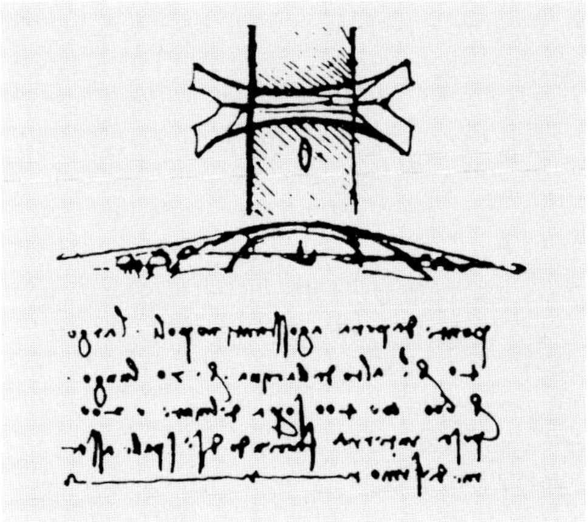

5

Hilfsvorrichtungen) auftauchen und in ähnlicher Form an antiken Gebälken zu finden sind.
Wichtiger erscheint mir aber, daß Calatrava nicht davor zurückschreckt, seine Bauten mit verschiedenen, zum Teil enorm schwierigen Krümmungen zu versehen. Das gilt für den äußeren, schräg ausgestellten Bogen der Brücke Bach der Roda (4) in Barcelona, die im Grundriß auf den ersten Blick an Leonardo da Vincis Brücke über das Goldene Horn (5) erinnert. In ganz besonderem Maße trifft das jedoch für den Bahnhof Stadelhofen zu. Der Betonüberbau mit der Promenade folgt nämlich nicht nur der langgezogenen Kurve, sondern auch einer leichten Wölbung der Schienenführung!
In der antiken Architektur bezeichnet man dieses Phänomen als Kurvatur (6). Vitruv hat sie in seinem Kapitel über die Fundamentierung der Tempel beschrieben (Buch III, Kap. 4,77) und noch als optische Korrektur verstanden: «Den Stufenbau aber muß man so ausgleichen, daß er in der Mitte ... eine Schwellung hat. Wenn er nämlich waagerecht durchgeführt wird, wird er dem Auge muldenförmig vertieft erscheinen.» Heute ist sich die Fachwelt darüber einig, daß Kurvatur, die im 6. Jahrhundert v. Chr. zum ersten Mal auftritt und den gesamten Bau bis oben hin durchdringt, den griechischen Säulenhallen Leben einhauchen sollte. Kurvatur brachte den Baukörper *zum Klingen*. Fehlt die Kurvatur wie bei fast allen klassizistischen Bauten (z. B. an Leo von Klenzes Walhalla bei Regensburg), wirkt die Säulenhalle leblos.
Ich glaube, daß die reine, kindliche Freude an der geschwungenen Linie, die zur Belebung des Baukörpers führt, auch Calatravas Motiv bei der Anwendung der Kurvatur am Stadelhofener Bahnhof gewesen ist. Calatrava darf darauf stolz sein: Der Bahnhof gehört zu den wenigen Bauten seit der Antike, an denen dieses komplizierte Stilmittel nicht nur an einzelnen weitgespannten Bauteilen, sondern am gesamten Baukörper mit Erfolg eingesetzt wurde.
Calatrava kennt natürlich «seinen» Vitruv und auch die gestalterischen Stilmittel griechischer Architektur und Skulptur. Es liegt ihm jedoch fern, in klassizistischer oder postmoderner Manier Versatzstücke klassischer Architektur zu verwenden, sei es nun kopierend, paraphrasierend oder verfremdend.
Calatravas Formensprache hat sich befreit von den Zwängen der Tradition. Das hat auch Erich Mendelsohn versucht beim Einsteinturm bei Potsdam. Der Turm signalisiert mit seiner bildhauerisch aufgefaßten, stromlinienförmigen Architektur Fortschritt und Aufbruch. Eine wichtige Rolle spielte dabei die Verwendung von Stahlbeton: «Das revolutionäre Spiel der Zug- und Druckkräfte im Eisen», schreibt Mendelsohn, «löst für die Eingeweihten immer von neuem erstaunliche, für den Laien noch völlig unverständliche Bewegungen aus. Unsere Aufgabe ist es, für diese Bewegungskräfte den architektonischen Ausdruck zu finden.»
Mendelsohn erprobte an seinem Erstlingswerk diese neuen gestalterischen Möglichkeiten des gegossenen Stahlbetons – doch er scheiterte mit diesem Anspruch. Mendelsohns windschiefe Flächen ließen sich nicht mit geraden Brettern einschalen. Schiffsbauer mußten die Schalung bauen. Nur das Untergeschoß wurde betoniert, der Rest mit Ziegeln aufgemauert und mit Zement verschmiert.
Anders Calatrava: Wer seine ausgeführten Werke gesehen hat, wird feststellen, daß er mit ungeheurer Energie die perfekte Umsetzung seiner Ideen durchsetzt – er lobt dabei besonders die Leistungen der Schweizer Beton- und Stahlfachleute. Durch die bedingungslose Qualität der Ausführung werden Calatravas Werke wie auch die griechische Architektur überdauern und angenehm patinieren.
Ein Wort noch zu den Baukosten: Calatravas Architektur hat ihren Preis, aber gilt das nicht ganz allgemein für gute Präzisionsarchitektur? Ein Vergleich aus der Antike: Für die knapp 20 Meter hohe Säule des Apollontempels von Didyma hat man auf Lohnbasis Baukosten von 3,2 Millionen DM errechnet; der Tempel hatte 120 Säulen (384 Mio. DM), hinzu kamen die Kosten für den Stufenbau, die Wände, das Dach; 500 Millionen DM dürfte der Tempel erfordert haben. Zehn Säulen des Apollontempels kosteten exakt soviel wie heute die

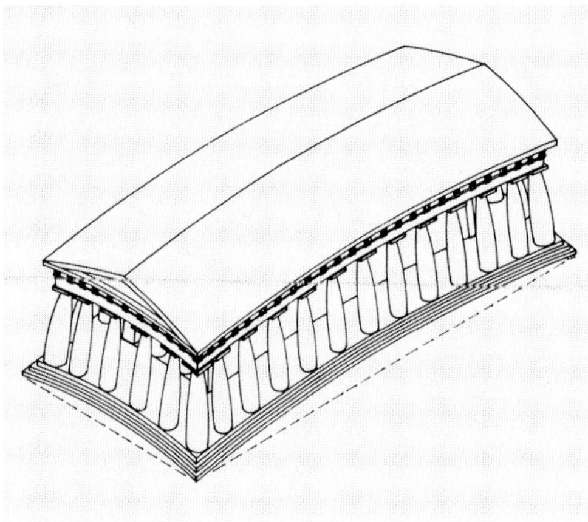

6

Berliner Kronprinzenbrücke am Spreebogen, Calatravas erste in Deutschland realisierte Brücke. Ich glaube, das ist ein angemessener Preis!

Wird Santiago Calatravas Formensprache Bestand haben? Ich bin davon überzeugt. Nicht deshalb, weil er antike Stilmittel verwendet, sondern weil sich Calatravas Schöpfungen wie Skulpturen unmittelbar mitteilen. Calatrava braucht im Gegensatz zu vielen postmodernen Kollegen seine Werke nicht wortreich zu erläutern und tut das deshalb auch nur ganz selten. Calatravas Architektur öffnet sich dem Betrachter durch ihre bildhauerische Qualität.

Deshalb sind etwa Calatravas Bücken bisweilen auch kritisiert worden. Brücken seien keine Skulpturen, sondern technische Zweckbauten. Ich möchte diesem Urteil zwei Sätze entgegenstellen, mit denen Theodor Heuss im Jahre 1950 eine Festrede im Deutschen Museum eingeleitet hat: «Das Schicksal, vielleicht der Sinn der Technik ist, zu veralten ... Die Kunst veraltet nicht, sie hat, wie immer auch sie sei und wie alt, eine in sich ruhende Gegenwärtigkeit mit einer unmittelbar den Menschen erfassenden Wirkkraft.»

Santiago Calatrava and the Classical Tradition

Hansgeorg Bankel

Calatrava has often been compared – and rightly so – with innovative architects and civil engineers of recent times such as Félix Candela, Pier Luigi Nervi, Robert Maillart, Antoni Gaudí and Eugène Freysinnet, although none of these goes back further than Eugène Viollet-le-Duc.

What I have noticed is that connoisseurs of classical Greek architecture are taking to Calatrava's work, finding it reminiscent of the classical style. They recognize features in Calatrava which they know from classical architecture and sculpture. Why is this? Are there any similarities?

To examine this phenomenon, I would like to draw some examples from Calatrava's canon and compare them with some basic themes from classical architecture. Look at a Doric column (1), then compare it with Calatrava's Montjuic Standard lamp (2). Or his steel support at Stadelhofen station in Zurich. It doesn't matter which – in either case, the theme is the supporting hand.

But let's go back to the lamp. The shape of the base which holds up the white shade shows the flow of forces: a wide spread foot with the shaft emerging from it, a tense, bent, slim body spreading out and branching as it rises. Then comes a clear cut at the point where the standard ceases to be load-bearing: the delicate white shade, balanced so to speak on the two black fingers of the standard. All that holds it to the "fist" is a dowel through the red glass sphere.

What stands out is just how tectonic this is. The shade takes up the line of the standard, with standard and shade merging to give a harmonious, exciting whole. The interplay of structure and load, equilibrium and dynamic tension is what makes Calatrava's designs work.

But what has Calatrava's Standard lamp got in common with a Doric column of the 5th century BC? A column is also a support, it has a load to bear. Its shaft not only tapers, it has a delicate entasis – a swelling. The entasis and fluting structure the column and make it attractive. To the Greeks, columns were sculpture. The "tensed muscle" is the metaphor people like to use for this sculptural aspect of Greek architecture.

Here, too, look at the transition from shaft to capital (3): three crenations mark the narrowest point of the shaft, above them (where shaft and lintel merge) three bands hold the shaft together, divided as it is by the fluting. Even the spreading capital, whose job is to spread the load of the heavy beams, is not in the form of a truncated cone (which would undoubtedly perform the same function just as well) but as a mushrooming cylinder, only the top third of which narrows. Its powerful

outline helps bind the forces from the weight of the beam at the neck of the column. The union of opposites – structure and load, movement and counter-movement, tension and relaxation – is the characteristic feature of the Doric column.
Which brings us back to Calatrava. I don't suppose for a moment Calatrava had a Doric column in mind when designing his lamp. And yet we find the same union of opposites we saw in Greek architecture, combined with a clear delineation which does more than just reflect technology: *tectonics*. The term was originally used to mean the art of putting things together properly, refusing to bodge joints and insisting that the overall structure be legible. Again, Calatrava is a master here.
But Calatrava has much more to offer historians of architecture. First, there is the shape of his moulded cornices on many of his bridges which actually do the job they were designed for (instead of gullies or similar fittings) and resemble those found on classical beams. What is more important in my view is that Calatrava does not shrink from giving his structures different curves, some of them arduous. This is true of the outer skew arch of the Bach de Roda bridge in Barcelona (4), whose outline at first glance is reminiscent of Leonardo da Vinci's bridge over the Golden Horn (5). But it is even more true of Stadelhofen station: the concrete structure with the promenade not only follows the long drawn-out curve, but also a slight curve in the track! In classical architecture, this was known as curvature (6). Vitruvius mentions it in his chapter on laying the foundations of the temple (Vol. III, chapter 4, 77) and knew that it was an optical illusion: you must balance the stages so there is a swelling in the centre. If it is perfectly vertical, it will look as though it is getting narrower. Nowadays the experts agree that curvature, which first appeared in the 6th century BC, was designed to breathe life into Greek columns. Curvature brought buildings alive. Where it is absent, as with most classicizing buildings (such as Leo von Klenze's Valhalla at Regensburg), the hall of columns is sterile.
I think the pure innocent pleasure in curves which brings buildings alive was also why Calatrava used it at Stadelhofen station. Calatrava can be proud of himself: this station is one of the few buildings since the age of antiquity which uses this complex design element not just in individual sections but in the building as a whole – and it works. Of course, Calatrava is familiar with Vitruvius and the designs of Greek architecture and sculpture. But his aim is not to use bits of classical architecture in the classicizing or postmodernist style, whether to paraphrase, copy or distort them.
Calatrava's style has broken away from the shackles of tradition. Erich Mendelsohn also tried to do this in his Einstein tower on the edge of Potsdam. The tower's sculptural flowing architecture symbolises progress and new horizons. The use of reinforced concrete plays a major role here. "The revolutionary interplay of stresses and strains in steel", wrote Mendelsohn, "evokes movements which are a never-ending source of astonishment to the expert and totally beyond the layman. Our job is to find the architectural expression for these forces."
In his first work, Mendelsohn tried out the new design potential of cast concrete – and failed! Mendelsohn's surfaces were skew and could not be done with straight shuttering. Shipbuilders had to be brought in to make the shuttering. Only the basement was concreted: the rest was clad in tiles and plastered with cement.
Calatrava took a different approach: anyone who has ever seen his work knows that he puts enormous energy into realizing his ideas (he pays particular homage to the works of Swiss concrete and steel experts). The timeless quality of Calatrava's work means that, like all good architecture, it will improve with age.
A word about construction costs: Calatrava's architecture is expensive – but did quality ever come cheap? One last comparison with the classical period: if they had had to pay their workers, it has been estimated that each 20-metre-high column of the Temple of Apollo at Didyma would have cost £1.3m, and the Temple had 120 of them (£156m), not forgetting the cost of the foundations, walls and roof. All in all, the temple could well have cost £200m. Calatrava's first bridge in Germany, the Kronprinzenbrücke over the Spree in Berlin, cost the equivalent of ten columns: not a bad deal, I would say.
Will Calatrava's style last? I am sure it will. Not because he uses classical elements which have proved to be timeless, but because, like sculpture, his work speaks directly to you. Unlike many of his post-modernist colleagues, Calatrava usually lets his work speak for itself. Which it does.
Which is why some people have condemned Calatrava's bridges. "Bridges aren't sculpture", they say, "but civil engineering". Against this view, I would like to quote from Theodor Heuss in a speech at the Deutsches Museum: "The fate, and perhaps the purpose, of technology, is to grow old . . . Art does not age: whatever it is, however old it is, it has an immanent presence and a direct effect on people."

Dieses Buch wurde von der "Holderbank" Financière Glarus AG, Schweiz,
und der Firma Hans Schmidlin AG, Fassaden-/Fenstersysteme, Aesch/BL, Schweiz,
sowie für die dritte, erweiterte Auflage
vom Münchner Architekten- und Ingenieurverein e. V.
und vom Deutschen Beton-Verein e. V. mit einem Beitrag unterstützt

This book was supported by "Holderbank"
Financière Glaris Ltd., Switzerland,
Hans Schmidlin AG,
windows and curtain walling,
Aesch, Switzerland,
Münchner Architekten- und Ingenieurverein e. V.
and Deutscher Beton-Verein e. V.

Konzeption/Concept: Anthony Tischhauser, Tristan Kobler
Layout: Quim Nolla
Photographien der Architekturmodelle/Model Photographs: Heinrich Helfenstein
Architekturmodelle/Architectural Models: Atelier Zaborowsky
Skulpturen und Objekte/Sculptures and Objects: Josef Gerig (Atelier Zaborowsky)
Übersetzungen/Translations: Leslie Schnyder, Alejandra Alvaredo,
Andrew Fenner

Die dritte Auflage erscheint anlässlich
der Ausstellung/This third edition is published on
the occasion of the exhibition:

Santiago Calatrava: Brücken und andere Ingenieurbauwerke

Deutsches Museum
Museumsinsel 1
D-8000 München 22
3.12.1992–Februar 1993

Die Ausstellung wurde gefördert
vom Bayerischen Bauindustrieverband e. V.
und vom Bundesverband der Deutschen Zementindustrie

Artemis Verlags AG, Zürich
Verlag für Architektur/Architectural Publishers

Printed in Switzerland
ISBN 3-7608-8092-4
ISBN 1-874056-06-4

Vierte Auflage 1993
Fourth edition 1993